Plantae Thonnerianae Congolenses

PAR

E. DE WILDEMAN & TH. DURAND

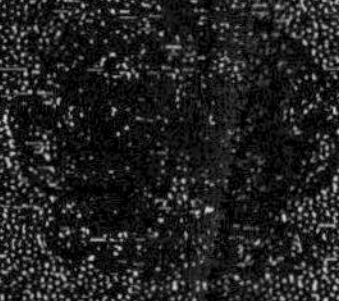

Florae Thonnerianae Congolenses

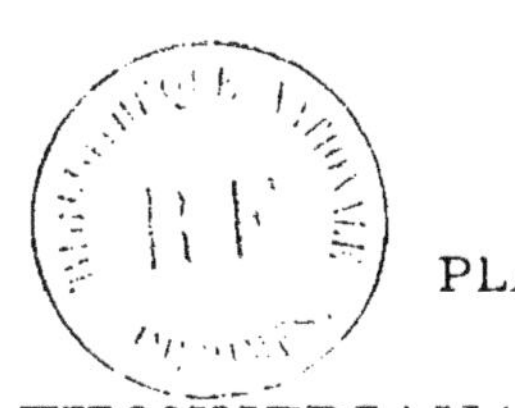

PLANTAE

THONNERIANAE CONGOLENSES

IMPRIMERIE CHARLES VANDE WEGHE,
12, Vieille-Halle-aux-Blés, Bruxelles.

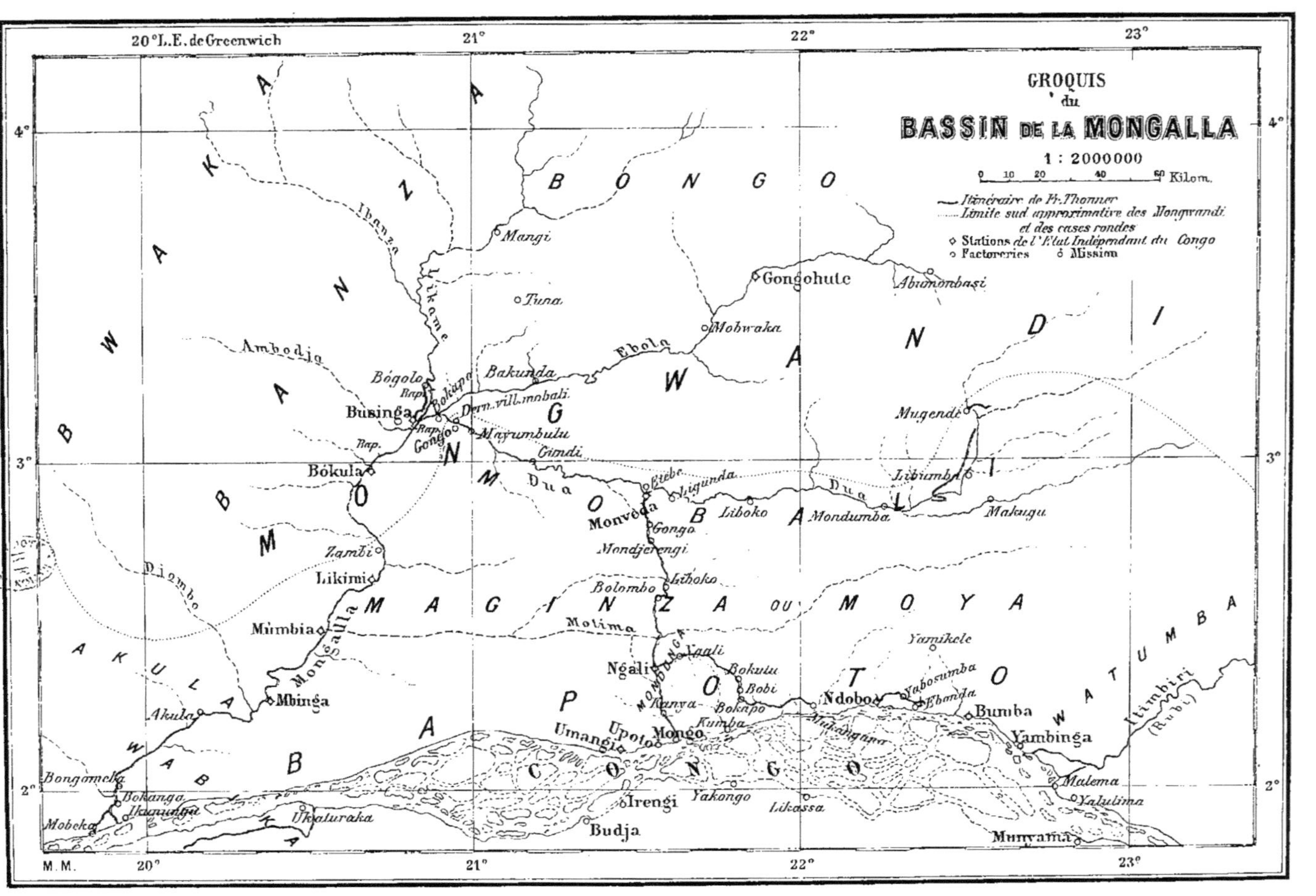

CROQUIS
du
BASSIN DE LA MONGALLA
1 : 2000000
0 10 20 40 50 Kilom.
Itinéraire de Fr.Thonner
Limite sud approximative des Mongwandi
et des cases rondes
Stations de l'État Indépendant du Congo
Factoreries   Mission
20°L.E.deGreenwich
21°
22°
23°
4°
3°
2°
M.M.
BWANZA
KA
BONGO
WANDI
BANZA
MONGMNZ
BMO
MAGINZA ou MOYA
AKULA
WABA
ACONGO
POTO
WATUMBA
Ibanza
Likame
Mangi
Tuna
Ambodja
Ebola
Mobwraka
Gongohute
Abiononbasi
Bógolo
Bakunda
Bokapo
Rap.
Businga
Dern.vill.mbali.
Rap.
Gongo
Mayumbulu
Gimdi
Bókula
Dua
Liebe
Ligunda
Mugendé
Jibrimba
Dua
Monvéda
Gongo
Liboko
Mondumba
Makugu
Mondjerengi
Zambi
Likimi
Liboko
Djombo
Bolombo
Molima
Mumbia
Mongalla
Mbinga
Akula
Ngali
Ngali
Bokulu
Bobi
Yamikele
Mondunga
Kanya
Bokapo
Yabosumba
Ebanda
Ndobo
Bumba
Kumba
Mukangana
Yambinga
Umangia
Upoto
Mongo
Itimbiri (Rubi)
Bongomeka
Malema
Yalulima
Bokanga
Ikanunga
Irengi
Yakongo
Likassa
Mobeka
Ukaluraka
Budja
Munyama

PLANTAE
THONNERIANAE CONGOLENSES

OU

ÉNUMÉRATION

DES PLANTES RÉCOLTÉES EN 1896 PAR M. FR. THONNER

DANS LE DISTRICT DES BANGALAS

PAR

É. DE WILDEMAN

Docteur en sciences naturelles
Aide-naturaliste au Jardin botanique de l'État, à Bruxelles
Secrétaire de la Société belge de microscopie

ET

TH. DURAND

Conservateur au Jardin botanique de l'État
à Bruxelles

———•◆•———

Avec une introduction de M. Fr. Thonner
23 planches et une carte

BRUXELLES
SOCIÉTÉ BELGE DE LIBRAIRIE
Oscar **SCHEPENS** & Cie, Éditeurs
16, Rue Treurenberg, 16
—
1900

AVANT-PROPOS

M. Fr. Thonner ayant bien voulu faire précéder notre
travail d'un rapide mais intéressant aperçu sur la région
qu'il a parcourue dans son voyage d'exploration au Congo
central (1), nous serons brefs, mais nous désirons pourtant
lui exprimer toute notre reconnaissance de ce qu'il a bien
voulu nous confier l'étude de ses plantes.

Par suite des circonstances (2), ce que le distingué
explorateur a rapporté n'est qu'une partie de ce qu'il
avait récolté, mais sa collection complète eût eu une
valeur scientifique considérable, car, botaniste expert,
M. Fr. Thonner, ne pouvant tout recueillir, a fait un choix
judicieux dans ce qui se présentait à lui. Ainsi s'explique
que, sur les 104 espèces de sa collection représentées par
120 numéros, il n'y a pas moins de 50 plantes nouvelles
pour le Congo et ce qui est encore plus remarquable, ainsi
que le montrent les tableaux suivants, c'est que de ces
50 plantes 23 espèces et 4 variétés sont nouvelles pour la
science. Il est bien rare qu'une pareille proportion soit
atteinte.

(1) Voir la carte indiquant l'itinéraire suivi.
(2) Voir l'introduction, page XVII.

1. — Espèces nouvelles pour la science

a) décrites par des spécialistes :

GUYONIA INTERMEDIA *Cogn.* (Melastomaceae).
DINOPHORA THONNERI *Cogn.* (Melastomaceae).
LORANTHUS THONNERI *Engl.* (Loranthaceae).
LISTROSTACHYS THONNERIANA *Kraenzl.* (Orchidaceae).
PYCNOCOMA THONNERI *Pax* (Euphorbiaceae).

b) décrites par MM. De Wildeman et Durand :

DIOSCOREA THONNERI (Dioscoreaceae).
URERA THONNERI (Urticaceae).
MONODORA THONNERI (Anonaceae).
SALACIA CONGOLENSIS (Hippocrateaceae).
IMPATIENS THONNERI (Geraniaceae).
SCAPHOPETALUM THONNERI (Sterculiaceae).
OURATEA LAXIFLORA (Ochnaceae).
DICRANOLEPIS THONNERI (Thymelaeaceae).
TABERNAEMONTANA THONNERI (Apocynaceae).
SOLANUM SYMPHYOSTEMON (Solanaceae).
HARVEYA THONNERI (Scrophulariaceae).
SESAMUM MOMBANZENSE (Pedaliaceae).
     „   THONNERI (Pedaliaceae).
THUNBERGIA THONNERI (Acanthaceae).
ASTERACANTHA LINDAVIANA (Acanthaceae).
BERTIERA THONNERI (Rubiaceae).
GEOPHILA RENARIS (Rubiaceae).
URAGOGA THONNERIANA (Rubiaceae).

PANICUM BRIZANTHUM *Hochst.* var. POLYSTACHYUM (Graminaceae).
PANICUM DIAGONALE *Nees* var. HIRSUTUM (Graminaceae).
PHYTOLACCA ABYSSINICA *Hoffm.* var. MACROPHYLLA (Phytolaccaceae).
MUSSAENDA STENOCARPA *Hiern* var. LATIFOLIA (Rubiaceae).

2. — Espèces nouvelles pour le Congo.

TRENTEPOHLIA ARBORUM *Hariot* (Trentepohliaceae).
PANICUM SULCATUM *Aubl.* (Graminaceae).
COMMELINA ASPERA *G. Don* (Commelinaceae).
     „   CONDENSATA *C. B. Clarke* (Commelinaceae).
DORSTENIA PSILURUS *Welw.* (Urticaceae).
     „   SCAPHIGERA *Bureau* (Urticaceae).
BOERHAAVIA ADSCENDENS *Willd.* (Nyctaginaceae).
MOHLANA LATIFOLIA *Moq.* (Phytolaccaceae).
ALCHORNEA FLORIBUNDA *Muell.-Arg.* (Euphorbiaceae).
CYATHOGYNE VIRIDIS *Muell.-Arg.* (Euphorbiaceae).
TRAGIA TENUIFOLIA *Benth.* (Euphorbiaceae).
IMPATIENS BICOLOR *Hook. f.* (Geraniaceae).

Vitis producta *Afzel.* (Ampelidaceae).
   „   Smithiana *Baker* (Ampelidaceae).
Combretum Lawsonianum *Engl.* et *Diels* (Combretaceae).
Ludwigia prostrata *Roxb.* (Onagraceae).
Strophanthus Preussii *Engl.* et *Pax* (Apocynaceae).
Daemia extensa *R. Br.* (Asclepiadaceae).
Spathodea nilotica *Seem.* (Bignoniaceae).
Lankesteria Barteri *Hook. f.* (Acanthaceae).
Crossandra guineensis *Nees* (Acanthaceae).
Ixora odorata *Hook. f.* (Rubiaceae).
Geophila obvallata *F. Didr.* (Rubiaceae).
Aspilia latifolia *Oliv.* et *Hiern* (Compositaceae).
Enhydra fluctuans *Lour.* (Compositaceae).

On ne possédait pour ainsi dire aucun renseignement botanique sur la partie nord du district des Bangalas ; les récoltes de M. Fr. Thonner nous font donc connaître, mais dans une mesure malheureusement trop faible encore, la composition de la flore de cette région.

Il est intéressant de constater qu'une des trouvailles les plus curieuses de M. Thonner, la singulière Euphorbiacée appelée *Pycnocoma Thonneri*, a été revue tout récemment et presque au même endroit par M. Ém. Duchesne.

De savants botanistes, MM. H. Christ, C. B. Clarke, Alfr. Cogniaux, Ad. Engler, F. Kraenzlin, M. Micheli, F. Pax et O. Stapf, ont bien voulu nous accorder une fois de plus leur savante collaboration pour déterminer les plantes appartenant à des familles dont ils ont fait une étude spéciale ; nous leur en exprimons toute notre gratitude.

INTRODUCTION

Les plantes qui font l'objet de cette étude ont été
recueillies au cours d'un voyage fait en 1896 sur le
Haut-Congo et dans le bassin de la Mongala. J'en ai
publié le récit en allemand (« Im afrikanischen
Urwald », Berlin, D. Reimer, 1898) et en français
(« Dans la grande forêt de l'Afrique centrale »,
Bruxelles, O. Schepens et Cⁱᵉ, 1899). Néanmoins il m'a
paru utile de faire précéder l'énumération des plantes
récoltées, d'une description succincte de mon itinéraire et
du pays traversé. Pour le surplus, je renvoie le lecteur aux
deux ouvrages précités.

Je commençai mes herborisations le 23 août à Bopoto
où se trouve une mission anglaise, appelée ordinairement
Upoto, ainsi que toute la région environnante. Cette
localité est située à 2°7' L. N., 22°34' L. E. et à 400 m.
au-dessus du niveau de la mer, sur le versant d'une
colline de la rive droite du haut Congo. Cette colline
n'atteint que 50 mètres environ au-dessus du niveau
du fleuve, mais elle se continue vers l'est par des hauteurs
atteignant 110 à 120 mètres au-dessus du fleuve (500 à
510 au-dessus de la mer). J'ai recueilli sur cette colline
les nᵒˢ 1 à 11 de ma collection ; elle est couverte de brous-

sailles au milieu desquelles s'élèvent peu de grands arbres. Sur le versant méridional, les broussailles sont hautes et touffues, tandis que, sur le sommet, elles sont plus basses et plus espacées. Parmi les arbustes dont elles se composent, une Tiliacée à fleurs jaunes (*Triumfetta rhomboidea* Jacq.) et une Légumineuse à fleurs violettes (*Desmodium lasiocarpum* DC.) sont très communes. On y rencontre aussi beaucoup de plantations et plusieurs petites clairières herbeuses; il paraît que presque toute la colline a été jadis occupée par des plantations.

Le 25 août, je me mis en route pour la station de Ngali (Gali), à neuf heures de marche au nord de Bopoto. Le chemin commence à la factorerie de Mongo, à quatre kilomètres en amont de la mission. On monte d'abord au milieu de broussailles et de plantations de manioc et de bananiers, puis à travers une haute futaie jusqu'à une altitude de 110 m. au-dessus du fleuve, on descend ensuite doucement sous la haute futaie. Les broussailles sont formées d'arbrisseaux élevés et assez espacés, parmi lesquels les *Cacoucia paniculata* Laws. à fleurs et fruits (samares) roses, et les *Rhynchosia Mannii* Bak. à tiges grimpantes et à grosses grappes de fleurs oranges, sont remarquables par la beauté de leurs fleurs, de même que les *Oncoba Welwitschii* Oliv., petits arbres dont les grandes fleurs blanches sortent directement du tronc. Dans la forêt, les jeunes arbres, les arbrisseaux et diverses Scitaminées forment un sous-bois touffu, ombragé par de vieux arbres dont l'espacement est assez considérable.

Le sentier passe par le village de Kanya, situé à la limite du bassin de la Mongala, ainsi que par le village abandonné de Mombilo, entourés chacun de plantations et de broussailles et séparés par la haute futaie; enfin, après avoir traversé de grands défrichements où l'on a trouvé des arbres à caoutchouc (*Kickxia africana* Benth.), il aboutit à la station de Ngali (Gali) et au village de Mondunga situés l'un à côté de l'autre. Le nom de Ngali que porte cette station n'est pas justifié, car le village de Ngali en est éloigné de quatre heures de marche.

Les environs de la station sont boisés et un peu accidentés. Le sol y est sablonneux à la surface et recouvert d'une assez faible couche d'humus; à de plus grandes profondeurs, il est plutôt argileux. La station est située à 480 m. au-dessus de la mer, sur une pente douce qui s'incline vers un petit ruisseau dont la source est proche et au bord duquel on a installé une pépinière. La forêt (haute futaie) y a été un peu éclaircie. J'ai récolté dans ce vallon les nos 14 à 31 de ma collection. Dans le lit du ruisseau croissaient en masse des Balsamines ressemblant à celles de nos jardins, mais appartenant à une espèce nouvelle (*Impatiens Thonneri* De Wild. et Th. Dur.); tout près des bords, en partie submergées, poussaient diverses Fougères et Commélinacées, notamment des *Commelina nudiflora* L. à tiges rampantes et à fleurs d'un bleu d'azur, ressemblant de loin à nos Myosotis, et des *Palisota thyrsiflora* Benth. à tiges hautes et droites, à petites fleurs violettes et à baies noirâtres. La berge était par endroits ornée d'arbustes à fleurs roses, appartenant à la famille des Mélastomatacées (*Dinophora Thonneri* Cogn.). Entre les feuilles mortes de la forêt rampaient des *Geophila* de deux espèces, petites Rubiacées herbacées à fleurs blanches et à baies bleues ou noires. Parmi les épiphytes, on remarquait diverses Fougères et des Orchidées à fleurs blanchâtres et odoriférantes, appartenant au genre *Listrostachys*.

Le 31 août, je quittai la station de Ngali pour me rendre à Ndobo (Dobo) sur le Congo. Une marche de quatre heures à travers un pays presque plat et couvert de haute futaie, me conduisit au village de Ngali. Dans cette forêt, le sous-bois était moins touffu qu'entre Upoto et la station de Ngali; les Scitaminées surtout étaient moins abondantes. Au milieu des feuilles mortes qui couvraient le sol, j'aperçus une seule sorte de plante herbacée en fleur ; c'était une Acanthacée, le *Crossandra guineensis* Nees ; je l'ai retrouvée au nord de Ngali.

Le jour suivant, après une marche de huit heures à travers une haute futaie semblable à la forêt parcourue le jour précédent, je parvins au village de Bókutu auquel fait suite un groupe de villages portant le nom de Bobi et un grand village du nom de Bokapo. Ces localités sont séparées par des plantations et des bandes de forêt où je rencontrai pour la première fois le *Thunbergia Thonneri* De Wild. et Th. Dur., Acanthacée frutescente dont les grandes fleurs violettes comptent parmi les plus belles de cette région assez pauvre en jolies fleurs, et le *Thonningia sanguinea* Vahl, Balanophoracée poussant sur des racines d'arbres et dont la fleur sortant directement du sol a, de loin, quelque analogie avec une rose. J'ai retrouvé ces deux végétaux en d'autres parties de cette région. Dans les plantations de Bobi je remarquai plusieurs Commélinacées, au bord d'un défrichement, deux espèces de *Dorstenia* et divers petits arbustes en fleur (n⁰ˢ 43-48).

Le village de Bokapo est situé sur une hauteur qui paraît être la continuation des collines d'Upoto. Le versant septentrional est couvert de buissons assez espacés et entremêlés de hautes herbes et d'arbres dispersés, notamment d'Elaïs qui font défaut dans les environs de Ngali de même que toutes les Palmacées, à l'exception des Palmiers-rotangs. On y remarque aussi bon nombre de Tulipiers (*Spathodea nilotica* Seem.), arbres à tronc bas et à grandes fleurs écarlates. Parmi les arbustes, les *Mussaenda elegans* Schum. à fleurs écarlates, sont très décoratifs.

Après avoir traversé une assez grande clairière herbeuse, dont les herbes ne sont pas mêlées à d'autres végétaux, on entre dans la forêt plate et marécageuse qui se continue jusqu'au delà de Boyangi. A l'exception d'un *Loranthus* grimpant à fleurs pourpres et d'une Thyméléacée (*Dicranolepis Thonneri* De Wild. et Th. Dur.), petit arbuste à nombreuses fleurs blanches, on ne voyait guère de plantes en fleur.

Le village de Boyangi est entouré de buissons bas, formés à peu près des mêmes espèces que ceux de la colline de Bopoto (nᵒˢ 64-69), et ornés des fleurs d'un bleu d'azur d'une Légumineuse grimpante, le *Vigna gracilis* Hook. f.. J'entrai ensuite dans la forêt qu'on traverse pour atteindre le village de Mukàngana, d'où je descendis en pirogue la petite rivière Moka jusqu'à son embouchure; je remontai ensuite le Congo jusqu'à la station de Ndobo, longeant la rive droite couverte d'une forêt où l'on remarque une grande quantité de Lichens (*Usnea*) suspendus aux arbres.

Le 9 septembre, je partis de Ndobo (Dobo) pour une excursion dans l'intérieur des terres ; elle dura trois jours. Les deux premiers jours, le sentier traversait la plupart du temps de hauts et épais taillis ainsi que les plantations entourant les villages de Bokumbi, Yangula et Bombati. Par contre, le troisième jour, la route me mena à travers une savane formée de hautes herbes, d'arbustes et d'arbres isolés, notamment des Palmiers Elaïs. Les herbes appartiennent en général au genre *Panicum* et ont une hauteur de 1 mètre 1/2 à 2 mètres. On y remarquait aussi diverses Légumineuses herbacées (nᵒˢ 73, 80, 81, 83) et quelques Composées. La savane est entrecoupée par des bandes de forêt qui s'étendent principalement le long des ruisseaux, et à la lisière desquelles croissent beaucoup de Scitaminées et de Fougères ; le *Selaginella scandens* Spring, y abonde également. Dans cette savane, où j'ai recueilli les nᵒˢ 76-87 de ma collection, sont situés les villages de Yabosumba, Mondumba, Molanga et Ebonda, ce dernier, au bord du Congo.

De retour à Ndobo, je repartis le lendemain pour descendre le Congo jusqu'à Mongo et me rendis quelques jours après, le 16 septembre, pour la seconde fois à la station de Ngali, en suivant la route que j'avais parcourue le 25 août.

Après un court séjour dans cette station, je partis le

20 septembre vers le nord, pour me rendre à Monveda sur la Mongala-Dua où j'arrivai le cinquième jour. Le pays traversé est une plaine ondulée, marécageuse par endroits et couverte d'une haute futaie interrompue seulement par les plantations entourant les villages. On y remarquait très peu de plantes en fleurs. Dans cette saison, la plupart des arbres de la forêt portent déjà des fruits, à l'exception d'un petit nombre d'espèces, parmi lesquelles le *Monodora Thonneri* De Wild. et Th. Dur., rencontré aussi près de Mugende et de Businga; il se fait remarquer par ses rameaux retombant très bas et parsemés de fleurs jaunâtres. Au milieu du sous-bois, les Scitaminées forment souvent des fourrés. Dans les défrichements, une Acanthacée, le *Pseuderanthemum Ludovicianum* Lindau, petit arbuste à fleurs blanches, tachetées de violet, était commun, ainsi que dans toute la région.

Le premier jour, je traversai la rivière Motima, sur les bords de laquelle croissent beaucoup de Palmiers-bambous (*Raphia*) et de nombreuses Fougères, et j'arrivai à une suite de villages (Bwanga, Tondoko, Bolombo, Liboko) que séparent des plantations et des bandes de forêt. Puis après une longue marche à travers une colline large, couverte de haute futaie, j'atteignis une autre suite de villages (Mukamba, Mondjerengi, Mótulu, Opolo, Gongo, Masanga) se continuant jusque vers la Dua. Près de ces villages, on rencontre beaucoup de Palmiers à huile (*Elaeis guineensis* L.) qui manquent à l'intérieur de cette région. De Masanga à Monveda, le sentier descend par une pente douce couverte de taillis où s'espacent des Palmiers et de hautes touffes de Scitaminées.

La station de Monveda est située à 410 m. environ au-dessus du niveau de la mer, sur la rive gauche de la Mongala-Dua qui coule dans une vaste plaine marécageuse. Ses rives sont bordées, sur de grandes étendues, par une étroite lisière d'herbes entremêlées de Scitaminées;

derrière elle s'élève la forêt qui contient des Palmiers en nombre variable. Sur certaines parties des rives, en amont de Monveda, les Palmiers prédominent, mais plus loin vers l'intérieur, la forêt a le même caractère qu'aux environs de Ngali. Ces Palmiers sont de deux sortes, appartenant probablement à différentes espèces du genre *Raphia*, les uns à tronc bas ou presque nul et à feuilles énormes (Palmiers-bambous), les autres à tronc assez élevé (*Raphia vinifera?*). Dans le sous-bois on remarque beaucoup de Fougères, des Aracées, des Vitacées et de jeunes Palmiers.

Je remontai la Dua jusqu'au village de Mugende (Mongende). J'avais l'intention de pénétrer de là vers l'Uellé, mais les indigènes refusèrent de porter mes bagages, ils parvinrent même, pendant que j'étais à terre, à me les soustraire en s'enfuyant avec la pirogue chargée. N'ayant aucun moyen de recouvrer mes effets, je dus retourner à Monveda. De cette manière je perdis, entre autres choses, toutes les plantes que j'avais récoltées sur la Dua.

Le 17 octobre, je quittai Monveda pour la seconde fois et je descendis la Dua jusqu'à la station de Businga située à 400 m. au-dessus de la mer, un peu en aval du confluent de l'Ebola avec la Dua qui prend alors le nom de Mongala. De là je fis une excursion au poste abandonné de Bógolo, établi à cinq heures de marche vers le nord, au bord de la Likame. Le sentier conduit à travers un terrain un peu accidenté, couvert de haute futaie alternant avec de hauts roseaux et des plantations de Maïs et de Sésame appartenant aux villages de Mbanza (Mombanza), Evamkoyo et Bógolo. Dans les plantations, les *Gynura crepidioides* Benth., *Mohlana latifolia* Moq., *Celosia argentea* L., et plusieurs Commélinacées sont des mauvaises herbes communes. La forêt ressemble à celle des environs de Ngali. Je récoltai pendant cette excursion, les nᵒˢ 106-120 de ma collection.

A Businga se terminèrent mes herborisations. Je descendis alors la Mongala en pirogue, et retournai en Europe.

*
* *

La région parcourue dans les pérégrinations qui viennent d'être décrites, s'étend des rives du haut Congo jusqu'à la Mongala-Dua et un peu au delà. Elle appartient en entier au district des Bangala de l'État du Congo et à la région botanique du Congo central (1).

Le climat y est humide et modérément chaud. La température moyenne est de 26° C. environ. L'année se divise en saison sèche, pendant laquelle les pluies sont rares, et en saison pluvieuse; la saison sèche paraît être la plus chaude et dure de décembre à mars.

La partie méridionale de cette région est drainée par plusieurs petites rivières qui se jettent directement dans le Congo. Tout le reste appartient au bassin de la Mongala, affluent septentrional du Congo. Des collines peu élevées forment la limite de ce bassin. Au sud, près d'Upoto, le terrain s'élève à 110 ou 120 m. au-dessus du niveau du fleuve qui est lui-même à 390 m. au-dessus de la mer. Des hauteurs moins considérables s'étendent entre les affluents de la Mongala, dont l'Ebola, la Likame et la Motima sont les plus importants. Les bords de ces rivières, surtout ceux de la Mongala, de la Dua (cours supérieur de la Mongala) et de la Motima, sont sur de grandes étendues entièrement plats et par conséquent inondés pendant la saison des pluies.

Le sol consiste en couches alternantes de sable et d'argile ferrugineuse, provenant soit d'alluvions, soit de la décomposition des grès du sous-sol.

A l'exception de sa partie orientale (environs de Bumba), toute la région est couverte par des forêts qui

___
(1) Th. Durand et Schinz, Étud. Fl. Congo I p. 20 et suiv.

forment une partie de la grande forêt de l'Afrique équatoriale. Ces forêts sont composées de grands arbres dicotylédonés plus ou moins espacés, dont les intervalles sont remplis de jeunes arbres, d'arbustes, de lianes et de fourrés de Scitaminées. En certains endroits les Scitaminées et les lianes rendent la forêt presque impénétrable, dans d'autres places elles manquent entièrement. Peu de plantes herbacées poussent entre les feuilles mortes dont le sol est couvert. Sur les troncs des arbres croissent surtout de petits Champignons, des Mousses, des Fougères et plusieurs espèces d'Orchidées. Les Palmiers-rotangs grimpants sont communs dans le sous-bois; par contre les Palmiers à tronc dressé (*Raphia, Elaeis*) ne se rencontrent que dans le voisinage des fleuves (Congo, Mongala-Dua, Motima). Sur la Dua, il y a même des forêts presque exclusivement composées de Palmiers. En certains autres endroits, la forêt riveraine ne contient que des arbres de basse futaie ou elle est même remplacée par des broussailles.

Dans les environs des villages, on rencontre fréquemment des taillis hauts et touffus, constitués essentiellement de jeunes arbres, et des broussailles formées par des arbrisseaux plus ou moins élevés et plus ou moins serrés. Ces taillis et ces broussailles abritent beaucoup de plantes en fleurs, tandis que l'intérieur de la forêt qui manque d'air et de lumière, en est pauvre. Il y a des buissons formés presque exclusivement d'arbustes d'une hauteur de deux mètres environ, comme j'en rencontrai près de Bopoto et de Boyangi; mais en général les arbrisseaux atteignent cinq mètres et plus. Ces broussailles, ainsi que les taillis, ont pris sans doute la place d'anciennes plantations. En général les indigènes défrichent incomplètement la forêt en y installant leurs plantations. Quand celles-ci sont négligées, la forêt reprend bientôt le dessus. Dans les endroits où le terrain a été mieux déblayé, ce ne sont alors que des herbes et des buissons assez espacés qui l'occupent, comme cela se voit souvent dans la région d'Upoto.

Dans les environs de Ndobo et de Bumba, la grande forêt est interrompue par des savanes qui ne paraissent cependant pas très étendues. Ces savanes sont formées de hautes herbes entremêlées de diverses plantes herbacées, d'arbustes épars et de Palmiers isolés ; elles sont coupées par des bandes de forêt qui suivent principalement le cours des ruisseaux. La forêt reste en général partout visible des deux côtés.

Les plantations des indigènes, dans les régions qui nous occupent, consistent surtout en Manioc amer (*Manihot utilissima* Pohl), en Bananiers à grands fruits (*Musa sapientum* L. var. *paradisiaca* L.) et en Maïs (*Zea Mays* L.). Le Manioc prédomine au sud, le Maïs et le Bananier au nord de la région. Sur une plus petite étendue on cultive le Manioc doux (*Manihot palmata* [Vell.] Müll.-Arg. var. *Aipi* Pohl), les Colocases (*Colocasia antiquorum* Schott), les Ignames (*Dioscorea*), la Canne à sucre (*Saccharum officinarum* L.), le tabac (*Nicotiana*) et, au nord de la Mongala, le Sésame (*Sesamum indicum* L.).

Dresde, septembre 1899.

FRANZ THONNER.

PLANTAE

THONNERIANAE CONGOLENSES

THALLOPHYTA

TRENTEPOHLIACEAE

TRENTEPOHLIA *Martius* Fl. crypt. Erlang. (1817) p. 251.

Trentepohlia arborum (*Ag.*) *Hariot* in *Morot* Journ. de bot. vi
(1889) p. 383; *De Wild.* in Ann. soc. belge de microscopie XVIII
(1894) p. 21 pl. I et pl. II fig. 8-16; Ann. Jard. bot. Buitenzorg
Suppl. 1 p. 56 pl. XVIII et in Prod. fl. Alg. Ind. néerland. p. 7 et
Suppl. p. 15.

Conferva arborum *Ag*. Syst. Alg. (1824) p. 88.

Algue formant de petites touffes sur le bord des feuilles, Ngali,
28 août 1896, sur *Ouratea laxiflora* Nob. (Herb. Fr. Thonner n. 20)
et Bobi près Ngali, 2 sept. 1896, sur *Scaphopetalum Thonneri*
Nob. (Herb. Fr. Thonner n. 48).

DISTRIB. : **Régions tropicales du globe.**

PTERIDOPHYTA

POLYPODIACEAE

POLYPODIUM *L.* Gen. pl. ed. 1 (1737) p. 322.

Polypodium Phymatodes *L.* Mant. pl. II (1771) p. 360; *Mett.*
Fil. Hort. Lips. p. 36 t. 35 fig. 10-16; *Hook.* Sp. Fil. V p. 82;
Kuhn Fil. Afric. p. 151; *Hook.* et *Baker* Syn. Fil. p. 364;
Th. Dur. et *Schinz* Étud. fl. Congo I p. 352; *Th. Dur.* et *De
Wild.* Mat. fl. Congo I p. 47 (Bull. Soc. roy. de Bot. de Belg.
XXXVI, 2 [1897] p. 93).

Colline, buissons, 450 m. Upoto, 23 août 1896. — Fougère épiphyte sur *Elaeis*. (Herb. Fr. Thonner n. 11).

DISTRIB. : **Asie trop. et subtrop. contin. et insul.; Afrique trop.; Australie trop.; Nouvelle-Zélande.**

ASPLENIUM *L*. Gen. pl. ed. 1 (1737) p. 322.

Asplenium emarginatum *P. Beauv*. Fl. d'Oware II (1807) p. 6 tab. 61; *Hook*. Sp. Fil. III p. 100 pr. p. et Second cent. of Ferns tab. 80; *Hook. et Baker* Syn. Fil. p. 200; *Th. Dur. et Schinz* Étud. fl. Congo 1 p. 344.

Colline, forêt, 450 m. Liboko près Ngali, 22 septembre 1896. (Herb. Fr. Thonner n. 99).

DISTRIB. : **Guinée, Angola, Congo.**

Asplenium sinuatum *P. Beauv*. Fl. d'Oware II (1807) p. 33 tab. 79 fig. 1; *Hook*. Fil. exot. tab. 61; *Hook*. Sp. Fil. II p. 82; *Hook. et Baker* Syn. Fil. p. 92; *Th. Dur. et Schinz* Étud. fl. Congo I p. 346.

Sur les troncs d'arbres, dans la forêt, 450 m. Ngali, 28 août 1896. — Fougère à racines fibreuses (Herb. Fr. Thonner n. 30).

DISTRIB. : **Afrique trop. occ. et centrale.**

ADIANTUM *L*. Gen. pl. ed. 1 (1737) p. 322.

Adiantum tetraphyllum *Willd*. Sp. pl. V (1810) p. 141; *Hook. et Baker* Syn. Fil. p. 120; *Th. Dur. et Schinz* Étud. fl. Congo I p. 335.

Pente douce, forêt, 450 m. Bobi près Ngali, 2 septembre 1896. (Herb. Fr. Thonner n. 51).

DISTRIB. : **Amérique trop.; Afrique trop. occ.**

NEPHROLEPIS *Schott* Gen. Filic. fasc. 1 (1834) tab. 3.

Nephrolepis acuta *Presl* Tent. Pteridogr. (1836) p. 75; *Hook*. Sp. Fil. IV p. 153.

Nephrolepis biserrata *(Sw.) Schott* Gen. Filic. fasc. 1 (1834) sub tab. 3, *Th. Dur. et Schinz* Étud. fl. Congo 1 p. 349.

Bord d'un ruisseau, forêt, 450 m. Ngali, 28 août 1896. — Fougère à racine fibreuse, frondes de 2 m. de long. (Herb. Fr. Thonner n. 31).

DISTRIB. : **Asie tropique et subtrop.; Afrique trop.**

SELAGINELLACEAE

SELAGINELLA *Spring* in Flora I (1838) p. 148.

Selaginella scandens *(Sw.) Spring* Monog. Lycop. II (1850)
p. 192; *Kuhn* Fil. Afr. p. 192; *Th. Dur.* et *Schinz* Étud. fl.
Congo I p. 360; *Th. Dur.* et *De Wild.* Mat. fl. Congo I p. 49
(Bull. Soc. roy. de Bot. de Belg. XXXVI, 2 [1897] p. 95).

Lycopodium — *Sw.* Syn. Fil. (1806) p. 185.
Stachygynandrum — *P. Beauv.* Fl. d'Oware 1 (1804) p. 10 tab. 7.

Plaine humide, forèt, 450 m. Bobi près Ngali, 3 septembre 1896.—
Herbe rampante. Feuilles d'un vert pàle (Herb. Fr. Thonner n. 54).

DISTRIB. : **Afrique trop. occ. et centrale.**

ANGIOSPERMAE

MONOCOTYLEDONES

GRAMINACEAE

ANDROPOGON *L.* Sp. pl. ed. 1 (1753) p. 1045.

Andropogon familiaris *Steud.* Syn. pl. glum. I (1855) p. 385;
Hack. in *DC.* Monog. phan. VI p. 636; *Th. Dur.* et *Schinz*
Consp. fl. Afr. V p. 171; *Th. Dur.* et *Schinz* Étud. fl. Congo I p.
316.

Plaine, prairie, 400 m. Molanga près Ndobo, 11 septembre 1896.
Graminée de 2 m. de haut. (Herb. Fr. Thonner n. 87).

DISTRIB. : **Guinée, Loango, Congo.**

PANICUM *L.* Syst. ed. 1 (1735) et Gen. pl. ed. 1 (1737) p. 17.

Panicum brizanthum *Hochst.* in Flora (1841) I, Intell. p. 19;
A. Rich. Tent. fl. Abyss. II p. 363; *Th. Dur.* et *Schinz* Étud. fl.
Congo I p. 321; *Th. Dur.* et *Schinz* Consp. fl. Afr. V. p. 142.

— — var. **polystachyum** *De Wild.* et *Th. Dur.* nov. var.

Herba robusta, circ. 2 m. alta, striata; foliis lineari-lanceolatis,
elongatis, 18 mm. circ. latis et circ. 60 cm. longis, margine cartila-
gineo, setuloso-dentato, glabris, vaginis glabris vel subglabris; race-

mis 6-9, alternis vel superioribus per paria approximatis, secundis, 10-18 cm. longis, spiculis solitariis, ellipsoideis vel ovoideis, circ. 5 mm. longis, gluma inferiore late ovata spiculam subamplectente, obtusiuscula, concava, gluma secunda membranacea, ovata, obtusiuscula, glabra.

Plaine, prairie, 400 m. Yabosumba près Ndobo, 11 septembre 1896. (Graminée de 2 m. de haut. (Herb. Fr. Thonner n. 78).

Obs. — Nous considérons comme appartenant au *P. brizanthum* var. *polystachyum* deux plantes rapportées, l'une du district des Bangala par M. Fr. Thonner, l'autre récoltée à Kisantu par le frère J. Gilet S.-J. Le *P. brizanthum* Hochst. type a été trouvé en Abyssinie; il a été signalé au Congo d'après les récoltes de M. Fr. Hens déterminées par M. Hackel (1). Mais déjà cette dernière plante diffère du type (Cf. Richard Tent. fl. Abyss. II p. 363) par la longueur des épis ; ils atteignent 15 cm. dans la plante récoltée à Luteté par M. Hens et ne mesureraient que 5 à 7,5 cm. dans les plantes d'Abyssinie.

Le *P. brizanthum* var. *polystachyum* diffère du type par le nombre de ramifications de la panicule; au nombre de 2 à 3 chez le *P. brizanthum* Hochst. elles sont au nombre de 6 à 7 dans la nouvelle variété, les supérieures souvent disposées par paires. Le même caractère différencie la var. *polystachyum* de la var. *latifolium* Oliv. (in Trans. Linn. Soc. XXIX [1875] p. 170 112 *a*. fig. 1). mais en outre les feuilles de notre variété tout en étant aussi larges et même plus larges que dans la var. *latifolium* sont beaucoup plus longues, et peuvent atteindre 60 cm. de long.

Le *P. brizanthum* serait donc constitué par 3 formes :

P. brizanthum Hochst.	2-3 ramifications.
P. — var. *latifolium* Oliv.	4-5	"
P. — var. *polystachyum* Nob.	6-9	"

La longueur des ramifications est plus grande dans la variété *polystachyum* que dans le type et dans sa variété *latifolium*, si l'on tient compte des données originales de Hochstetter et de celle du Tent. fl. Abyss. (loc. cit.), mais cette longueur semble sujette à varier puisque nous trouvons des échantillons très typiques à 2 ou 3 rameaux qui peuvent atteindre env. 15 cm.

Pour la longueur des rameaux nous pouvons dresser le tableau suivant :

P. brizanthum Hochst.	rameaux de 5-7,5 cm. de long. parfois 15 cm.
P. — var. *latifolium* Oliv.	"	" 5-6,5 cm.	"
P. — var. *polystachyum* Nob.	"	" 10-18 cm.	"

Panicum diagonale *Nees* Fl. Afr. austr. (1841) p. 23; *Th. Dur.* et *Schinz* Consp. fl. Afric. V p. 746; *Th. Dur.* et *Schinz* Étud. fl. Congo I p. 322.

— — var. **hirsutum** *De Wild.* et *Th. Dur.* nov. var.

Herba erecta, 3 m. alta: nodis inferioribus tomentosis; foliis lineari-lanceolatis, margine scabris, extus et intus longe sparse vel arcte pilosis, scabris, 30-60 cm. longis et 1-1,5 cm. latis, vaginis extus scabris, longe pilosis, panicula elongata, 30-55 cm. longa,

(1) *Th. Durand* et *Schinz* Étud. fl. Congo I p. 321.

ramis clongatis, 18-25 cm. longis, compressis, spiculis solitariis vel geminatis, pedunculatis, pedunculis circ. 1 mm. longis.

Plaine, prairie, 400 m. Yabosumba près Ndobo. 11 septembre 1896. Graminée de 3 m. de haut. (Herb. Fr. Thonner n. 82).

OBS. — Le *P. diagonale* Nees serait constitué, d'après M. Hackel, par trois variétés (Cf. Th. Dur. et Schinz, Consp. fl. Afr. V p. 717) :

    var. *genuinum* Hack., de l'Abyssinie et du Natal.
    var. *robustius* Hack., de la Colonie du Cap.
    var. *uniglume* (Hochst.) Hack., de l'Abyssinie, des Niam-Niam, des
        Bongo et du Congo.

C'est de cette dernière variété, dont nous possédons en herbier de beaux échantillons récoltés par M. F. Demeuse, que la plante de M. Fr. Thonner se rapproche le plus. Mais les gaines glabres, lisses du *P. uniglume* Hochst. ne permettent pas de le confondre avec notre variété. L'on peut se demander si le caractère tiré de la pilosité des gaines foliaires et des feuilles est stable, car dans le *P. nudiglume* Hochst. (Cf. Richard, Tent. fl. Abyss. II p. 372), que certains auteurs réunissent au *P. diagonale* (Cf. Engl., Pflanzenwelt Ost-Afr. C p. 100), les gaines sont pubescentes et ciliées.

Panicum indutum *Steud.* Syn. pl. glum. I (1855) p. 64; *Th. Dur.* et *Schinz* Consp. fl. Afric. V p. 751; *Th. Dur.* et *Schinz* Étud. fl. Congo I p. 323.

Plaine, prairie, 400 m. Yabosumba près Ndobo, 11 septembre 1896. — Graminée de 1 m. de haut. (Herb. Fr. Thonner n. 77).

DISTRIB. : **Gabon, Congo.**

Panicum sulcatum *Aubl.* Pl. Guian. I (1775) p. 70.

Prairie, plaine, 400 m. Mondumba près Ndobo, 11 septembre 1896. Graminée de 2 m. de haut, feuilles de 1 m. de long et de 10 cm. de large. (Herb. Fr. Thonner n. 84).

DISTRIB. : **Amérique du Sud; Afrique trop.**

COMMELINACEAE

PALISOTA *Reichb.* Consp. regn. veget. (1828) p. 59.

Palisota thyrsiflora *Benth.* in *Hook.* Niger Fl. (1849) p. 544 (syn. excl.); *C. B. Clarke* in *DC.* Monog. phan. III p. 133; *Th. Dur.* et *Schinz* Étud. fl. Congo I p. 268; *Th. Dur.* et *Schinz* Consp. fl. Afric. V p. 422.

Pente douce sablonneuse, forêt, 450 m. Ngali, 27 août 1896. — Herbe dressée de 2 m. de haut. Fleurs d'un violet pâle. Baies d'un bleu noirâtre. (Herb. Fr. Thonner n. 15).

DISTRIB. : **Sénégambie, Fernando-Po, Bas-Niger, Congo.**

COMMELINA *Plum.* ex *L.* Syst. ed. 1 (1735) et Gen.
pl. ed. 1 (1737) p. 11.

Commelina aspera *G. Don* ex *Benth.* in *Hook.* Niger Fl. (1849)
p. 542; *C. B. Clarke* in *DC.* Monog. phan. III p. 180; *Th. Dur.*
et *Schinz* Consp. fl. Afr. V p. 423.

Plaine, prairie, 400 m. Yabosumba près Ndobo, 11 septembre
1896. — Herbe rampante. Feuilles herbacées. Fleurs d'un jaune
orange pâle. (Herb. Fr. Thonner n. 79).

DISTRIB. : **Afrique trop. occ.**

Commelina condensata *C. B. Clarke* in *DC.* Monog. phan. III
(1881) p. 190; *Th. Dur.* et *Schinz* Consp. fl. Afr. V. p. 424.

Bords d'un ruisseau, forêt, 450 m. Ngali, 28 août 1896. — Herbe
ascendante. Feuilles herbacées. Fleurs blanches. Fruits noirâtres.
(Herb. Fr. Thonner n. 22).

Colline humide, plantations, 450 m. Bobi, près Ngali, 3 septembre 1896. — Tige couchée. Feuilles herbacées. Fleurs d'un violet
pâle. (Herb. Fr. Thonner n. 52).

DISTRIB. : **Fernando-Po.**

Commelina nudiflora *L.* Sp. pl. ed. 1 (1753) p. 41; *C. B. Clarke*
in *DC.* Monog. phan. III p. 144; *Th. Dur.* et *Schinz* Consp. fl.
Afric. V p. 427; *Th. Dur.* et *Schinz* Étud. fl. Congo I p. 269; *Th.
Dur.* et *De Wild.* Mat. fl. Congo I p. 41 (Bull. Soc. roy. de Bot.
de Belg. XXXVI, 2 [1897] p. 87) et II p. 83 (Bull. Soc. roy. de Bot.
de Belg. XXXVII, 1 [1898] p. 128).

Pente douce, sablonneuse, forêt, 450 m. Ngali, 27 août 1896.
— Herbe rampante ou grimpant jusqu'à 1 m. de hauteur. Fleurs d'un
bleu de ciel (Herb. Fr. Thonner n. 16).

DISTRIB. : **Inde; Malaisie; Afrique bor., trop. et austr.; Amérique trop. et subtrop.;
Australie.**

ANEILEMA *R. Br.* Prodr. Fl. N. Holl. (1810) p. 270.

Aneilema beninense *(P. Beauv.) Kunth* Enum. pl. IV (1843)
p. 73; *Benth.* in *Hook.* Niger Fl. p. 546; *C. B. Clarke* in *DC.*
Monog. phan. III p. 224; *Th. Dur.* et *Schinz* Consp. fl. Afric. V
p. 430; *Th. Dur.* et *Schinz* Étud. fl. Congo I p. 270; *Th. Dur.* et
De Wild. Mat. fl. Congo I p. 41 (Bull. Soc. roy. de Bot. de Belg.
XXXVI, 2 [1897] p. 87).

Bords d'un ruisseau, forêt, 450 m. Ngali, 28 août 1896. — Herbe
dressée, de 1 m. de haut. Fleurs blanches. (Herb. Fr. Thonner n. 27).

DISTRIB. : **Afrique trop. occ. et centrale.**

Aneilema sinicum *(Roem. et Schult.) Lindl.* in Bot. Reg. (1823) t. 695; *C. B. Clarke* in *DC.* Monog. phan. III p. 212; *Th. Dur. et Schinz* Consp. fl. Afric. V p. 432; *Th. Dur.* et *Schinz* Étud. fl. Congo I p. 271; *Th. Dur.* et *De Wild.* Mat. fl. Congo I p. 41 (Bull. Soc. roy. de Bot. de Belg. XXXVII, 1 [1897] p. 87) et II. p. 83 (Bull. Soc. roy. de Bot. de Belg. XXXVII, 1 [1898] p. 128).

Plaine humide, broussailles, 400 m. Bokumbi près Ndobo, 9 septembre 1896. Herbe ascendante. Fleurs d'un violet pâle. (Herb. Fr. Thonner n. 72).

DISTRIB. : **Afrique trop. occ. et or., Gonda, Natal; Madagascar; Inde, Chine; Java.**

BUFORRESTIA *C. B. Clarke* in *DC.* Monog. phan. III (1881) p. 233.

Buforrestia imperforata *C. B. Clarke* in *DC.* Monog. phan. III (1881) p. 234; *Th. Dur.* et *Schinz* Consp. fl. Afric. V p. 433; *Th. Dur.* et *De Wild.* Mat. fl. Congo I p. 41 (Bull. Soc. roy. de Bot. de Belg. XXXVI, 2 [1897] p. 87).

Bords d'un ruisseau, forêt, 450 m. Ngali, 28 août 1896. — Herbe ascendante. Fleurs blanches. (Herb. Fr. Thonner n. 23).

DISTRIB. : **Kamerun, Fernando-Po, Ile du Prince, Angola, Congo.**

LILIACEAE

GLORIOSA *L.* Syst. ed. 1 (1735) et Gen. pl. ed. 1 (1737) p. 93.

Gloriosa virescens *Lindl.* in Bot. Mag. (1825) tab. 2539; *Hook.* in Bot. Mag. (1856) tab. 4938; *Th. Dur.* et *Schinz* Étud. fl. Congo I p. 267; *Th. Dur.* et *De Wild.* Mat. fl. Congo I p. 41 (Bull. Soc. roy. de Bot. de Belg. XXXVI, 2 [1897] p. 87); *Th. Dur.* et *Schinz.* Consp. fl. Afr. V p. 417.

Methonica — *Kunth* Enum. pl. IV (1843) p. 277.

Colline, buissons, 450 m. Upoto, 23 août 1896. — Herbe dressée ou couchée. Fleurs jaunes. (Herb. Fr. Thonner n. 7).

DISTRIB. : **Afrique trop., Natal, Transvaal, Colonie du Cap.**

DIOSCOREACEAE

DIOSCOREA *Plum.* ex *L.* Gen. pl. ed. 1 (1737) p. 306.

Dioscorea Thonneri *De Wild.* et *Th. Dur.* nov. sp. — Tab. nostr. XXI.

Frutex scandens; ramulis flexuosis, polygonibus, alatis, alis membranaceis, numerosis, circ. 6, internodiis elongatis; foliis adultis alternis, mollibus, longe petiolatis, petiolo robusto, circ. 14 cm. longo, supra canaliculato, quam lamina paulo breviore, sparse piloso; lamina profunde cordata, longe apiculata, nervis 9, cum acumine 18 cm. longa et circ. 18 cm. lata, supra ad venas sparse pilosa, subtus subtomentosa; spicis masculis 2-4 in axillis foliorum minoribus et juvenibus, tomentosis, elongatis, 7-15 cm. longis; floribus viridi-luteis, pedicellatis, pedicello brevi circ. 1 mm. longo ad medium vel versus apicem bracteato, bracteis solitariis, linearibus, circ. 1 mm. longis, tomentosis; perigonii segmentis 6 ovatis, 3 latioribus, ellipticis, apice plus minus denticulatis, extus pilosis, 3 angustioribus plus minus acutis, circ. 2 mm. longis et 0,7-1 mm. latis; staminibus 6 : 3 fertilibus, 3 sterilibus, antheris bilocularibus, ovario abortivo, apice trilobato, lobis bilobulatis; floribus fœmineis ignotis; fructibus.....

Colline, buissons et forêt, 450 m. Upoto, 23 août 1896. — Herbe grimpante. Feuilles d'un vert clair. Fleurs d'un vert jaunâtre. (Herb. Fr. Thonner n. 9).

Obs. — Cette plante dont nous avons vu seulement quelques fragments d'un pied mâle est peut-être identique à celle que nous avons décrite sous le nom de *D. pterocaulon* De Wild. et Th. Dur. (1), sur des matériaux provenant des récoltes d'Afr. Dewèvre. Cependant comme les deux plantes n'ont pas été trouvées dans la même localité, que les feuilles sont différentes et que l'échantillon de Dewèvre est constitué par une plante femelle, nous avons préféré considérer le *Dioscorea* rapporté par M. Fr. Thonner comme constituant une espèce distincte. Le *D. pterocaulon* possède en effet une feuille nettement réniforme, assez longuement mais brusquement apiculée, tandis que le *D. Thonneri* possède une feuille franchement cordée et longuement rétrécie en un acumen au sommet, moins large et par suite proportionnellement plus longue. Les lobes basilaires de la feuille très arrondis chez le *D. pterocaulon*, sont plus anguleux chez le *D. Thonneri*, aussi le sinus est-il plus élargi chez cette dernière espèce que chez la première.

La présence d'ailes membraneuses constitue un caractère qui ne se retrouve que dans peu d'espèces du genre. Il a été signalé en Afrique chez les *D. alata* L. et *colocasiaefolia* Pax, il existe aussi chez le *D. pterocaulon*. M. Baker dans le Fl. trop. Afr. VII p. 414, distribue les 20 espèces du genre *Dioscorea* de l'Afrique tropicale en trois groupes.

Espèces à feuilles simples, toutes alternes.
Espèces à feuilles simples, généralement opposées.
Espèces à feuilles composées.

Le *D. Thonneri*, de même que le *D. pterocaulon*, rentrerait donc dans le premier groupe et devrait se classer dans le voisinage des *D. hirtiflora* Benth., *rubiginosa* Benth. et *Preussii* Pax. par suite de la pilosité de ses fleurs, mais aucune de ces trois espèces ne possède des ailes membraneuses autour de la tige. Quant aux *D. alata* et *colocasiaefolia* la disposition oppo-

(1) Contributions à la flore du Congo I p. 58 (Ann. Musée Congo, Bot. sér. II 1 [1899] p. 58).

sée des feuilles les fait écarter immédiatement ; d'ailleurs le nombre d'ailes entourant les tiges des deux nouvelles espèces est plus considérable, 6 environ, et les tiges sont par suite polygonales au lieu d'être quadrangulaires.

ORCHIDACEAE

EULOPHIA *R. Br.* in Bot. Reg. VIII (1823) tab. 686.

Eulophia guineensis *Lindl.* in Bot. Reg. VIII (1823) tab. 686 ; *Th. Dur.* et *Schinz* Consp. fl. Afric. V p. 21; *Kränzl.* in *Th. Dur.* et *De Wild.* Mat. fl. Congo I p. 40 (Bull. Soc. roy. de Bot. de Belg. XXXVI, 2 [1897] p. 86) et III p. 52 (Bull. Soc. roy. de Bot. de Belg. XXXVIII, 2 [1899] p. 60).

Pente douce, broussailles, 450 m. Masanga près Monveda, 24 septembre 1896. — Orchidée terrestre. Bulbe à racines charnues. Périanthe d'un vert rougeâtre, lèvre d'un pourpre pâle, strié de noir. (Herb. Fr. Thonner n. 105).

DISTRIB. : **Afrique trop.**

LISTROSTACHYS *Reichb. f.* in Bot. Zeit. X (1852) p. 930.

Listrostachys Chailluana (*Hook. f.*) *Reichb. f.* in Flora LXVIII (1885) p. 381; *Kränzl.* in *Th. Dur.* et *De Wild.* Mat. fl. Congo III p. 56 (Bull. Soc. roy. de Bot. de Belg. XXXVIII, 2 [1899] p. 64); *Th. Dur.* et *Schinz.* Consp. fl. Afr. V p. 48.

Angraecum — *Hook. f.* in Bot. Mag. (1866) tab. 5589.

Pente douce sablonneuse, forêt, 450 m. Ngali, 26 août 1896. — Orchidée épiphyte. Fleurs blanches odorantes, à éperon jaune. (Herb. Fr. Thonner n. 12).

DISTRIB. : **Guinée supérieure et inférieure, Congo moyen.**

Listrostachys Thonneriana *Kränzl.* in *Th. Dur.* et *De Wild.* Mat. fl. Congo III p. 56 (Bull. Soc. roy. de Bot. de Belg. XXXVIII, 2 [1899] p. 64). — Tab. nostr. IV.

Caule crasso perbrevi aphyllo, radicibus longis crassis arboribus affixo, racemis nutantibus pluri-multifloris ad 15 cm. longis a basi fere floriferis, bracteis ochreatis ringentibus obtusis ovaria aequantibus. Sepalis ovato-oblongis acutis, petalis sublatioribus oblongis tenerioribus, labello toto circuitu rhombeo antice retuso emarginatove denticulo in sinu, margine ubique elegantissime lacero-dentato, disco basi dente minuto (linea media ante orificium calcaris paulum elevata) instructo, calcari dimidium labelli aequante incurvo fusiformi obtuso, orificio constricto ; gynostemio satis alto recurvo, anthera plana, rostello bicruri dimidium fere usque gynostemii descendente, fovea stigmatica magna; pollinia non vidi. — Flores pulchri 2,5-3 cm. diam., sepala alba, petala albida pallida luteo-suffusa, labellum album viridi-suffusum. [Kränzl. l. c.].

Plaine, forêt défrichée, 450 m. Ngali, 20 septembre 1896. — Orchidée épiphyte. Racines entourant un tronc d'arbre. Feuilles nulles. Fleurs blanchâtres, lèvre d'un blanc verdâtre, ailes d'un blanc jaunâtre. (Herbier Fr. Thonner n. 93).

Obs. — Cette plante s'écarte de toutes les autres espèces du genre par sa tige courte, épaissie et paraissant plus ou moins spongieuse. Par la structure florale elle semble se classer dans le voisinage des *L. monodon* Rchb. f., *pellucida* Rchb. f., *Althoffii* Th. Dur. et Schinz. En plus des caractères fournis par l'aspect extérieur, le *L. Thonneriana* se différencie par son labelle rhombique qui est un peu échancré par devant et possède une dent dans le prolongement de la nervure médiane. A la base du labelle, cette nervure forme chez toutes les espèces de ce groupe une dent plus ou moins proéminente, qui pourrait leur faire donner le nom de « monodontia » si le nom « pellucida » n'était pas aussi caractéristique. Tandis que chez les *L. pellucida* et *Althoffii* que M. Kränzlin a étudiés sur des échantillons vivants et chez le *L. monodon* étudié par Lindley, les fleurs sont blanches; les pétales du *L. Thonneriana* sont légèrement jaunâtres et le labelle d'un blanc verdâtre. Sur les échantillons fort bien conservés qui ont été soumis au savant spécialiste de Berlin, il n'a pu observer même la trace de feuilles.

DICOTYLEDONES

URTICACEAE

TREMA *Lour*. Fl. Cochinch. (1790) p. 562.

Trema guineensis *(Schumach. et Thonn.) Büttn.* in Mittheil. Afr. Gesellsch. V p. 257; *Th. Dur. et Schinz* Étud. fl. Congo I p. 247.

Celtis — *Schumach. et Thonn.* Beskr. Guin. Pl. (1827) p. 160.

Colline, buissons, 450 m. Upoto, 23 août 1896. — Arbrisseau de 2 m. de haut. Fleurs d'un vert jaunâtre. (Herb. Fr. Thonner n. 8).

Distrib. : **Guinée, Congo.**

DORSTENIA *Plum.* ex *L.* Gen. pl. ed. 1 (1737) p. 336.

Dorstenia psilurus *Welw.* Sert. Angol. in Trans. Linn. Soc. XXVII (1869) p. 71; *Bureau* in *DC.* Prodr. regn. veget. XVII p. 272; *Engler* Monog. Afrik. Planzenfam. und Gatt. I Moraceae p. 20.

Pente douce, forêt, clairière, 450 m. Bobi près Ngali, 2 septembre 1896. — Herbe, de 30 cm. de haut. Feuilles herbacées. Fleurs vertes. (Herb. Fr. Thonner n. 49).

DISTRIB. : **Pungo Andongo (Angola)** (Welwitsch).

OBS. — La découverte de cette plante dans le district des Bangala est très intéressante au point de vue de la géo-botanique, elle n'était connue que dans l'Angola où Welwitsch a été le seul à l'observer. M. Fr. Thonner l'a donc retrouvée très loin de sa première habitation.

Dorstenia scaphigera *Bureau* in Bull. Mus. Hist. nat. Paris I (1895) p. 62; *Engl.* Monog. Afrik. Pflanzenfam. und Gatt. I Moraceae p. 19.

Pente douce, forêt, 450 m. Bobi près Ngali, 2 septembre 1896. — Arbrisseau de 50 cm. de haut. Feuilles luisantes. Fleurs vertes. (Herb. Fr. Thonner n. 45).

DISTBIB. : **Haut-Kémo (Bassin du Tshad)** (Dybowski).

OBS. — Comme l'espèce précédente, le *D. scaphigera* n'était connu que d'une seule localité au nord du bassin du Congo. Au point de vue de la géo-botanique cette découverte de M. Fr. Thonner est moins intéressante que celle du *D. psilurus,* car la zone du Haut-Kemo où le *D. scaphigera* a été trouvé par M. Dybowski, est, comme le district des Bangalas, situé au nord de l'Équateur et doit avoir avec ce district une certaine analogie dans sa flore.

URERA *Gaudich.* in *Freyc.* Voy. Bot. (1826) p. 496.

Urera Thonneri *De Wild.* et *Th. Dur.* in *Th. Dur.* et *De Wild.* Mat. fl. Congo III p. 40 (Bull. Soc. roy. de Bot. de Belg. XXXVIII, 2 [1899] p. 48). — Tab. nostr. XVIII.

Frutex scandens; ramis lignosis, inermibus, glaberrimis; foliis ellipticis vel elliptico-rotundatis, abrupte acuminatis, acumine elongato, angustato, obtuso, circ. 12 mm. longo et 2 mm. lato, basi rotundatis, obtusis vel leviter cordatis, integerrimis, 3-nerviis, glabris vel ad nervos parce puberulis, petiolatis, petiolo 1,5-4 cm. longo, 10-13 cm. longis et 4,5-7 cm. latis, nervis lateralibus utrinque 3 inter se anastomosantibus et versus marginem arcuatim anastomosantibus, paulo prominentibus; stipulis..., caducis, floribus dioicis, cymis in axillis foliorum delapsorum breviter pedunculatis, divaricato-ramosis, ramulis pilis urentibus hic et illic armatis, 5,5 cm. longis et 4 cm. circ. latis; achaenio ovato, 2 mm. circ. longo, ventricoso. Floribus masculis...

Bords d'un ruisseau, forêt, 450 m. Ngali, 28 août 1896. Arbrisseau grimpant. Fleurs rouges, naissant sur les portions anciennes de la tige (Herb. Fr. Thonner n. 29).

OBS. — Cet *Urera*, dont nous n'avons vu que les fleurs femelles, se rapproche beaucoup de l'*U. acuminata* Gaudich., tel que nous le trouvons décrit dans le t. XVI, p. 96 du « Prodromus » de De Candolle; cette dernière espèce semble n'avoir été trouvée que dans l'Ile Maurice et à Timor. Comme chez l'*U. acuminata*, les fleurs de l'*U. Thonneri* naissent sur les portions de la tige qui ne portent plus de feuilles, et à l'aisselle des feuilles tombées. Malheureusement le peu de matériaux rapportés par M. Fr. Thonner ne nous permet pas de dire si les fleurs naissent sur des rameaux courts et épaissis. Les feuilles de notre plante paraissent être plus longuement acuminées que celles de l'*U. acuminata*. Nous aurons probablement l'occasion de revenir plus tard sur les caractères de cette espèce qui ne peut être rapprochée de l'*U. obovata*, à cause de la disposition particulière de ses cymes florales.

LORANTHACEAE

LORANTHUS *L.* Syst. ed. 2 (1740) p. 22 et Gen. pl.
ed. 2 (1743) p. 151.

Loranthus *Thonneri* Engl. nov. sp. — Tab. nostr. XXIII.

Ramis crassiusculis, lenticellis numerosissimis obtectis, internodiis brevibus, *ramulis lateralibus aut basi florifera valde incrassatis vel omnino abbreviatis et nodoso- incrassatis; foliis tenuibus* glaberrimis oblique lanceolatis acutis vel mucronulatis, e basi trinerviis; *floribus numerosis nodos obtegentibus*; bractea oblique cupuliformi breviter ciliata; calyculo quam cupula duplo longiore unilateraliter fisso; perigonii tubo supra basin inflatam oviformem unilateraliter fisso oblique infundibuliformi, laciniis anguste lineari lanceolatis tubi quartam partem paullo superantibus, concavis basi tenuiore excepta rigidis; filamentis crassis ad basin laciniarum liberis quam antherae lineares circ. 4-plo longioribus; stylo tenui pentagono; stigmate breviter ovoido obtuso.

Species insignis ramulis floriferis valde nodosis. Rami 5-7 mm. crassi, internodiis 2-3 cm. longis, ramuli laterales nodosi circ. 1 cm. diametientes. Folia 7-8 cm. longa, triente inferiore 1,5 cm. lata, inferne atropurpurea. Bracteae cupuliformes circ. 2,5 mm. longae. Calyculus circ. 5 mm. longus. Perigonii circ. 3,5 cm. longi tubus inferior ovoideus 4-5 mm. longus, 3 mm. crassus, tubus superior oblique infundibuliformis fere 2,5 cm. longus, roseus, laciniae 8 mm. longae, 1 mm. latae, purpureae. Antherae 2 mm. longae.

Plaine humide, forêt, 400 m. Bokapo près Ngali, 5 septembre 1896. — Tige ligneuse grimpante. Feuilles d'un vert clair, rougeâtres sur la face inférieure. Fleurs pourpres, à tube rose et à limbe foncé. (Herb. Fr. Thonner n° 61).

Obs. — M. le Prof. Ad. Engler a bien voulu nous communiquer la description de cette espèce nouvelle. Le *L. Thonneri* appartient à la sect. *Dendrophtoë* Mart. § *Inflati* Engl. in Bot. Jahrb. XX (1894) p. 82. Parmi les quatres espèces qui la composaient les *L. Gilgii* Engl. et *Buchholzii* Engl. appartiennent à la flore de l'Angola.

OLACINACEAE

HEISTERIA *Jacq.* Enum. pl. Carib. (1760) p. 4.

Heisteria parvifolia *Smith* in *Rees* Cyclop. XVII (1812?) n. 8;
DC. Prodr. regn. veget. 1 p. 533; *Oliv.* Fl. trop. Afr. I p. 346;
Th. Dur. et *Schinz* Étud. fl. Congo I p. 90; *Th. Dur.* et *De
Wild.* Mat. fl. Congo I p. 31 (Bull. Soc. roy. de Bot. de Belg.
XXXVI, 2 [1897] p. 77); *De Wild.* et *Th. Dur.* Contrib. fl. Congo
I p. 15 (Ann. Mus. Congo. Bot. sér. II, 1 [1899] p. 15).

Pente douce, clairière de forêt, 450 m. Bobi près Ngali, 2 septembre 1896. — Arbrisseau de 2 m. de haut. Feuilles coriaces, luisantes,
vert foncé. Fleur vert jaunâtre. Fruits carnés. Graines d'un blanc
ivoire. (Herb. Fr. Thonner n. 47).

DISTRIB. : **Sierra-Leone, Guinée, Fernando-Po, Congo**.

BALANOPHORACEAE

THONNINGIA *Vahl* in Dansk. Selsk. Schrift. VI (1810)
p. 124.

Thonningia sanguinea *Vahl* in Dansk. Selsk. Schrift. VI (1810)
p. 125 t. 6; *Eichl.* in *DC.* Prodr. regn. veget. XVII p. 142;
Th. Dur. et *De Wild.* Mat. fl. Congo II p. 81 (Bull. Soc. roy. de
Bot. de Belg. XXXVII, I [1898] p. 126).

Pente douce, forêt, 450 m. Bobi près Ngali, 3 septembre 1896. —
Herbe aphylle. Tige courte, souterraine, couverte d'écailles jaunâtres
à sommet rougeâtre. Fleurs solitaires, carnées ou roses. Écailles
extérieures rigides et piquantes, les intérieures plus molles, papyracées. (Herb. Fr. Thonner n. 55).

Colline, forêt, 500 m. Kanya près Mongo, 16 septembre 1896. —
Tige courte, d'environ 10 cm. de long, souterraine, jaunâtre. Fleurs
carnées ou roses. (Herb. Fr. Thonner n. 92).

DISTRIB. : **Afrique trop.**

AMARANTACEAE

AMARANTUS *L.* Syn. ed. 1 (1735) et Gen. pl. ed. 1 (1737)
p. 286.

Amarantus caudatus *L.* Sp. pl. ed. 1 (1753) p. 990; *Moq.* in *DC.*
Prodr. regn. veget. XIII, 2 p. 255; *Th. Dur.* et *Schinz* Étud. fl.
Congo I p. 233.

Colline, village, 400 m. Mombanza près Businga, 22 octobre 1896.
— Herbe dressée 50 cm. de haut. Feuilles herbacées, à pétioles rougeâtres. Fleur d'un pourpre foncé. (Herb. Fr. Thonner, n. 117).

DISTRIB. : **Abyssinie ; Mésopotamie, Perse, Inde ; subspontané dans l'Afrique trop.**

CELOSIA *L.* Gen. pl. ed. 1 (1737) p. 34.

Celosia argentea *L.* Sp. pl. ed. 1 (1753) p. 203; *Wight* Icon. pl. Ind. or. t. 1767; *Moq.* in *DC.* Prodr. regn. veget. XIII, 2 p. 243; *Th. Dur.* et *Schinz* Étud. fl. Congo 1 p. 231; *Th. Dur.* et *De Wild.* Mat. fl. Congo I p. 38 (Bull. Soc. roy. de Bot. de Belg. XXXVI, 2 [1897] p. 84).

Colline, village, 400 m. Evamkoyo près Businga, 22 octobre 1896. — Herbe dressée de 50 cm. de haut. Feuilles herbacées. Fleurs blanches; sommet du périanthe, étamines et style roses. (Herb. Fr. Thonner n. 113).

DISTRIB. : **Plante tropicale cosmopolite.**

NYCTAGINACEAE

BOERHAAVIA *Vaill.* ex *L.* Syst. ed. 1 (1735) et Gen. pl. ed. 1 (1737) p. 8.

Boerhaavia adscendens *Willd.* Sp. pl. I (1798) p. 19.

Pente douce, plantations, 450 m. Bobi près Ngali, 3 septembre 1896. — Herbe de 50 cm. de haut. Feuilles herbacées. Fleurs rouges. (Herb. Fr. Thonner n. 57).

DISTRIB. : **Régions tropicales du globe.**

PHYTOLACCACEAE

MOHLANA *Mart.* Nov. gen. et sp. III (1829) p. 170.

Mohlana latifolia *Moq.* in *DC.* Prodr. regn. veget. XV, 2 (1849) p. 16; *De Wild.* et *Th. Dur.* Contrib. fl. Congo I p. 15 (Ann. Mus. Congo, sér. Bot. II, 1 [1899] p. 15).

Colline, plantations, 400 m. Mombanza près Businga, 22 octobre 1896. — Herbe dressée, de 1 m. de haut. Feuilles herbacées. Fleurs blanches. (Herb. Fr. Thonner n. 118).

DISTRIB. : **Madagascar ; Vénézuela.**

PHYTOLACCA *Tourn.* ex *L.* Syst. ed. 1 (1735).

Phytolacca abyssinica *Hoffm.* in Comm. Gotting. XII (1796) p. 27.
Pircunia — *Moq.* in *DC.* Prodr. regn. veget. XIII, 2 (1849) p. 30.

— — var. **macrophylla** *De Wild.* et *Th. Dur.* nov. var.

Planta ramosa scandens? ramis teretibus, glabris, lenticellatis;
foliis herbaceis, alternis, petiolatis, petiolo 2-3 cm. longo, integris,
basi obtusis, apice obtusis sed abrupte mucronulatis, glabris,
6-13 cm. longis et 4-10 cm. latis, mucrone circ. 3 mm. longo, nervis
lateralibus utrinque circ. 5-6, supra non subtus paulo prominentibus,
ante marginem arcuatim anastomosantibus et cum venulis non prominentibus anastomosantibus; floribus luteo-viridibus racemos
laterales simplices elongatos laxifloros efformantibus, racemis
brevissime pedunculatis folio multo longioribus, 10-30 cm. longis et
circ. 12 mm. latis, floribus breviter pedicellatis, pedicello gracili,
circ. 4,5 cm. longo, basi bracteato, patulo vel refracto, bracteis solitariis circ. 1 mm. longis, rhachide pedicellis bracteisque pubenti-glan-
dulosis, calycis laciniis 5 ovati-oblongis, obtusis, circ. 2 mm. longis
et 1,5 mm. latis externe glandulosis; staminibus calyce brevioribus;
ovariis 5-6 interne coalitis, calyce brevioribus, stigmatibus persistentibus oblique apiculatis.

Plaine argileuse, village, 450 m. Ngali, 31 août 1896. — Feuilles
herbacées. Fleurs d'un vert jaunâtre. (Herb. Fr. Thonner n. 33).

Obs. — Nous considérons la plante rapportée par M. Fr. Thonner comme
constituant une simple variété du *P. abyssinica*, et cependant si l'on en juge
d'après les descriptions et les échantillons d'herbier, la plante de Ngali en
diffère assez fortement. Moquin-Tandon décrit dans le Prodromus de
de Candolle XIII, 2 p. 30, le *Pircunia abyssinica* comme possédant des feuilles
de 7-10 cm. de long et de 24-36 mm. de diam. à pétiole de 16-24 mm. de long,
en outre les étamines sont plus longues que les sépales. Mais dans le Tent.
Fl. Abyss. de Richard, II p. 222, nous trouvons une description du *P. abys-*
sinica qui se rapproche jusqu'à un certain point de celle de notre plante; en
effet les *Phytolacca* récoltés par Quartin-Dillon et Schimper possèdent des
étamines plus courtes que les sépales, comparables donc à celles de la plante
de Ngali; la plante d'Abyssinie est un arbuste grimpant, celle de Ngali est
probablement aussi une plante grimpante. M. Fr. Thonner l'avait considérée
comme formant un arbre. Mais depuis dans une lettre qu'il nous a adressée, il
dit : « Je doute si c'était vraiment un arbre ou plutôt une liane entourant un
tronc mort. C'était un gros tronc haut de 4 à 5 m. et d'un diamètre de 1 m. se
terminant brusquement par un grand nombre de branches assez minces, à peu
près comme les vieux saules au bord de nos ruisseaux, mais je ne me souviens
pas s'il y avait des tiges qui l'entouraient. Les indigènes l'appelaient
« Kisingo » et ils me firent comprendre que la plante est comestible; je crus
alors que c'étaient les fruits qu'ils mangent, mais je suppose maintenant que
c'est la feuille qui sert de légume. J'ai vu plus tard dans plusieurs villages des
arbrisseaux (non grimpants) qui ressemblaient beaucoup à cette plante, mais
malheureusement je n'en ai pas pris d'échantillon ».

En résumé le *P. abyssinica* var. *macrophylla* diffère du type tel qu'il est décrit dans le Prodromus par la grandeur des feuilles et la longueur des étamines, plus courtes que les sépales.

PORTULACACEAE

PORTULACA *L.* Syst. ed. 1 (1735) et Gen. pl. ed. 1 (1737) p. 122.

Portulaca quadrifida *L.* Mant. pl. I (1767) p. 73 ; *Oliv.* Fl. trop. Afr. I p. 149; *De Wild.* et *Th. Dur.* Contrib. fl. Congo I p. 9 (Ann. Mus. Congo. Bot. sér. II, 1 [1899] p. 9).

Plaine humide, plantations, 450 m. Gongo près Monveda, 23 septembre 1896. — Herbe rampante. Feuilles charnues. Fleurs jaunes. (Herb. Fr. Thonner n. 103).

DISTRIB. : **Régions tropicales du globe.**

TALINUM *Adans.* Fam. des pl. II (1763) p. 245.

Talinum cuneifolium *(Vahl) Wild.* Sp. pl. II (1800) p. 864; *DC.* Prodr. reget. veget. III p. 357; *Oliv.* Fl. trop. Afr. I p. 150; *Th. Dur.* et *Schinz* Étud. fl. Congo I p. 68; *Th. Dur.* et *De Wild.* Mat. fl. Congo II p. 65 (Bull. Soc. roy. de Bot. de Belg. XXXVII, 1 [1898] p. 110); *De Wild.* et *Th. Dur.* Contrib. fl. Congo I. p. 9 (Ann. Mus. Congo. Bot. sér. II, 1 [1899] p. 9).

Portulaca cuneifolia *Vahl* Symb. bot. 1 (1790) p. 333.

Plaine, plantations, 450 m. Liboko près Ngali, 21 septembre 1896. — Herbe charnue, ascendante. Feuilles charnues. Fleurs pourpres. (Herb. Fr. Thonner n. 98)

DISTRIB. : **Inde, Arabie; Afrique trop. occ. et centrale.**

ANONACEAE

MONODORA *Dun.* Monog. Anon. (1817) p. 79.

Monodora Thonneri *De Wild.* et *Th. Dur.* in *Th. Dur.* et *De Wild.* Mat. fl. Congo III p. 4 (Bull. Soc. roy. de Bot. de Belg. XXXVIII, 2 [1899] p. 12). — Tab. nostr. III.

Arbor 10 m. alta, glaberrima, ramis lignosis; foliis petiolatis, elliptico-oblongis, plus minus longe et abrupte acuminatis, acumine obtuso, 7-25 cm. longis, 2,5-8,5 cm. latis, chartaceis, coriaceis, petiolo crasso, 3-6 mm. longo, penninerviis, nervis primariis utrinque circ. 13, supra et infra prominentibus et versus marginem arcuatim anastomosantibus, venis secundariis subtus paulo prominentibus et cum venis anastomosantibus; pedunculis axillaribus solitariis, 9-11 mm. longis, bracteatis, unifloris, in sicco nigrescentibus. Sepalis 3, late ovoideis, crassiusculis, 3-4 mm. longis et circ. 3 mm. latis. Corolla infundibuliformi, 22 mm. circ. longa, petalis 6, viridi-luteis, extus et intus glabris, basi in tubum glabrum, circ. 3 mm. longum connatis; staminibus numerosis, 3-seriatis, connectivo ultra loculos plus minus truncato. Ovario elliptico, multiovulato; stigmate crasso, capitato, velutino. Fructus ignotus.

Pente douce, forêt, 450 m. Masanga près Monveda, 24 septembre 1896. — Arbre de 10 m. de haut. Feuilles coriaces. Fleurs d'un vert jaunâtre. (Herb. Fr. Thonner n. 104).

Pente douce, forêt, 400 m. Bogolo près Businga, 20 octobre 1896. — Arbre de 10 m. de haut. Feuilles coriaces. Fleurs d'un jaune verdâtre. (Herb. Fr. Thonner n. 106).

Obs. — Cette Anonacée, récoltée dans deux localités différentes par M. Fr. Thonner, est très voisine du *M. madagascariensis* Baill.; elle forme avec le *M. Dewevrei* De Wild. et Th. Dur. et le *M. congolana* De Wild. et Th. Dur. (1) un groupe très particulier, dont les trois espèces, tout en étant voisines de la plante de Madagascar, s'en éloignent par certains caractères ayant une valeur spécifique très suffisante pour permettre la création de trois types. La forme des lobes de la corolle différencie facilement le *M. Dewevrei* des *M. congolana* et *M. Thonneri*, chez lesquels les pétales sont allongés et plus aigus. Le tube floral est court dans le *M. Thonneri*, la corolle plus profondément lobée, les feuilles plus franchement acuminées et en général plus amples que dans le *M. Dewevrei*.

CONNARACEAE

ROUREA *Aubl.* Pl. Guian. I (1775) p. 467.

Rourea adiantoides *Gilg* in *Engl.* Bot. Jahrb. XXIII [1897] p. 213; *Th. Dur.* et *De Wild.* Mat. fl. Congo 1 p. 68 (Bull. Soc. roy. de Bot. de Belg. XXXVII, 1 [1898] p. 113).

Colline, buissons, 450 m. Bokapo près Ngali, 5 septembre 1896. Arbrisseau de 1 m. de haut. Feuilles d'un vert foncé, luisantes. Fleurs blanches. (Herb. Fr. Thonner n. 58).

Colline, buissons, 400 m. Boyangi près Ndobo, 7 septembre 1896. — Arbrisseau de 1 m. de haut. Feuilles coriaces. Fleurs blanches. (Herb. Fr. Thonner n. 64).

Distrib. : **Kamerun, Congo.**

(1) In Th. Dur. et De Wild. Matériaux fl. Congo III p. 4. (Bull. Soc. roy. de Bot. de Belg. XXXVIII, 2 [1899] p. 12).

LÉGUMINOSACEAE

INDIGOFERA *L*. Hort. Cliff. (1737) p. 487.

Indigofera astragalina *DC*. Prodr. regn. veget. II (1825) p. 228;
Baker in *Oliv*. Fl. trop. Afr. II p. 89; *M. Micheli* in *Th. Dur*. et
De Wild. Mat. fl. Congo II p. 4 (Bull. Soc. roy. de Bot. de Belg.
XXXVII, 1 [1897] p. 46).

Plaine, prairie, 400 m. Yabosumba près Ndobo, 11 septembre
1896. — Herbe dressée, de 1 m. de haut. Feuilles herbacées. Fleurs
rouges. (Herb. Fr. Thonner n. 81).

DISTRIB. : **Sénégambie, Niger, Cordofan, Benguela, Congo.**

DESMODIUM *Desv*. Journ. Bot. I (1813) p. 122.

Desmodium lasiocarpum *DC*. Prodr. regn. veget. II (1825) p. 328;
Guill. et *Perr*. Fl. Seneg. tent. I p. 207; *Baker* in *Oliv*. Fl. trop.
Afr. II p. 162; *Th. Dur*. et *Schinz* Étud. fl. Congo I p. 109;
Th. Dur. et *De Wild*. Mat. fl. Congo I p. 13 (Bull. Soc. roy. de
Bot. de Belg. XXXVI, 2 [1897] p. 59) et II p. 7 (Bull. Soc. roy. de
Bot. de Belg. XXXVII, 1 [1897] p. 50).

Colline, buissons, 450 m. Upoto, 23 août 1896. — Arbrisseau,
de 1 m. de haut. Fleurs violettes. (Herb. Fr. Thonner n. 10).

Colline, buissons, 400 m. Boyangi près Ndobo, 7 septembre 1896.
— Arbrisseau d'environ 1 m. de haut. Feuilles herbacées cotonneuses. Fleurs d'un violet pâle. (Herb. Fr. Thonner n. 68).

DISTRIB. : **Inde, Malaisie; Afrique trop.**

Desmodium tenuiflorum *M. Micheli* in *Th. Dur*. et *De Wild*.
Mat. fl. Congo I p. 13 (Bull. Soc. roy. de Bot. de Belg. XXXVI, 2
[1897] p. 59).

Herbaceum procumbens, gracile, stipulis erectis scariosis, infra
postice fere coalitis, inflorescentiis axillaribus, elongatis, gracillimis,
paucifloris, bracteis ante anthesim deciduis scariosis, flore juniore
longioribus ; floribus parvis, tenuibus, longe pedicellatis, calyce vix
2 mm. longo, dentibus acutis, vexillaribus fere ad apicem coalitis,
vexillo late obovato, fere sessili, 4 mm. longo, alis breviter stipitatis,
ovatis, obtusis, carina vexillum aequante, obtusa, ovario sessili
subglabro, pluriovulato, stylo curvato supra medium incrassato.
[M. Micheli, l. c.].

Plaine, prairie, 400 m. Mondumba près Ndobo, 11 septembre
1896. — Herbe rampante. Feuilles herbacées. Fleurs rougeâtres.
(Herb. Fr. Thonner n. 83).

CASSIA *Tourn.* ex *L.* Syst. ed. 1 (1735) et Gen. pl. ed. 1
(1737) p. 124.

Cassia mimosoides *L.* Sp. pl. ed. 1 (1753) p. 379; *Baker* in *Oliv.* Fl.
trop. Afr. II p. 281; *Th. Dur.* et *Schinz* Étud. fl. Congo I p. 120; *Th.
Dur.* et *De Wild.* Mat. fl. Congo I p. 25 (Bull. Soc. roy. de Bot.
de Belg. XXXVI, 2 [1897] p. 71) et II p. 9 (Bull. Soc. roy. de Bot.
de Belg. XXXVII, 1 [1897] p. 53).

Cassia geminata *Schumach.* et *Thonn.* Beskr. Guin. Pl. (1827) p. 281.

Plaine, prairie, 400 m. Yabosumba près Ndobo, 11 septembre
1896. — Sous-arbrisseau de 50 cm. environ de haut. Feuilles herbacées. Fleurs jaunes. (Herb. Fr. Thonner n. 80).

DISTRIB. : **Cosmopolite dans les régions tropicales**.

PSEUDARTHRIA *Wight* et *Arn.* Prodr. Fl. Ind. (1834)
p. 209.

Pseudarthria Hookeri *Wight* et *Arn.* Prodr. Fl. Ind. (1834)
p. 209; *Baker* in *Oliv.* Fl. trop. Afr. III p. 168; *M. Micheli* in
Th. Dur. et *De Wild.* Mat. fl. Congo I p. 14 (Bull. Soc. roy. de
Bot. de Belg. XXXVI, 2 [1897] p. 60) et II p. 7 (Bull. Soc. roy. de
Bot. de Belg. XXXVII, 1 [1897] p. 50).

Plaine humide, broussailles et prairie, 400 m. Yangula près
Ndobo. 10 septembre 1896. — Sous-arbrisseau de 3 m. de haut.
Feuilles herbacées, cotonneuses à la face inférieure. Fleurs d'un
pourpre foncé. (Herb. Fr. Thonner n. 73).

DISTRIB. : **Abyssinie et région du Nil, Congo, Angola, Mozambique, Zanzibar, Natal,
Ile Maurice.**

MUCUNA *Adans.* Fam. II (1763) p. 325.

Mucuna pruriens *DC.* Prodr. regn. veget II (1826) p. 405; *Baker* in
Oliv. Fl. trop. Afr. II p. 187; *M. Micheli* in *Th. Dur.* et
De Wild. Mat. fl. Congo II p. 7 (Bull. soc. roy. de Bot. de Belg.
XXXVII, 1 [1897] p. 50).

Colline, prairie, 400 m. Mombanza près Businga, 22 octobre
1896. — Herbe grimpante. Feuilles herbacées. Fleurs d'un violet
foncé. (Herb. Fr. Thonner n. 119).

DISTRIB. : **Cosmopolite sous les tropiques.**

VIGNA *Savi* Mem. Phas. III (1826?) p. 7.

Vigna gracilis *Hook. f.* in *Hook*. Niger Fl. (1849) p. 311 ; *Baker* in *Oliv*. Fl. trop. Afr. II p. 205; *Th. Dur*. et *De Wild*. Mat. fl. Congo I p. 17 (Bull. Soc. roy. de Bot. de Belg. XXXVI, 2 [1897] p. 63).

Dolichos gracilis *Guill*. et *Perr*. Fl. Seneg. — Tent. (1832) p. 219.

Colline, buissons, 400 m. Boyangi près Ndobo, 7 septembre 1896. — Herbe grimpante. Feuilles herbacées. Fleurs d'un bleu de ciel. (Herb. Fr. Thonner n. 63).

DISTRIB. : **Sénégambie, Congo.**

RHYNCHOSIA *Lour*. Fl. Cochinch. (1790) p. 460.

Rhynchosia Manni *Baker* in *Oliv*. Fl. trop. Afr. II (1871) p. 217; *Th. Dur*. et *Schinz* Étud. fl. Congo I p. 116; *Th. Dur*. et *De Wild*. Mat. fl. Congo II p. 8 (Bull. Soc. roy. de Bot. de Belg. XXXVII, 1 [1898] p. 51).

Colline, buissons, 450 m. Mongo, 16 septembre 1896. — Tige ligneuse volubile. Feuilles coriaces. Fleurs rousses, foncées. (Herb. Fr. Thonner n. 89).

DISTRIB. : **Fernando-Po, Congo.**

SIMARUBACEAE

QUASSIA *L*. Sp. pl. ed. 2 (1762) p. 553.

Quassia africana *Baill*. in Adansonia VII (1867-1868) p. 89; *Th. Dur*. et *Schinz* Étud. fl. Congo I p. 86; *Th. Dur*. et *De Wild*. Mat. fl. Congo II p. 67 (Bull. Soc. roy. de Bot. de Belg. XXXVII, 1 [1898] p. 112).

Plaine, forêt, 450 m. Mondjerengi près Monveda, 23 septembre 1896. — Arbrisseau de 2 m. environ de haut. Feuilles coriaces, d'un vert pâle. Fleurs blanches. Fruits d'un rouge verdâtre. (Herb. Fr. Thonner n. 102).

DISTRIB. : **Gabon, Congo.**

EUPHORBIACEAE

ALCHORNEA *Sw*. Prodr. veg. Ind. occ. (1788) p. 98.

Alchornea floribunda *Müll. Arg*. in Journ. of Bot. I (1863) p. 336 et in *DC*. Prodr. regn. veget. XV, 2 p. 905.

Pente douce sablonneuse, forêt, 450 m. Ngali, 27 août 1896.
—Arbrisseau de 2 m. de haut. Feuilles coriaces. Fleurs rouges. Fruits d'un vert rougeâtre. (Herb. Fr. Thonner n. 14).

DISTRIB. : **Afrique trop. occ.**

CYATHOGYNE *Müll. Arg.* in Flora XLVII (1864) p. 536.

Cyathogyne viridis *Müll. Arg.* in Flora XLVII (1864) p. 536 et in *DC.* Prodr. regn. veget. XV, 2 p. 226; *Hook.* Icon. pl. XIII tab. 1278.

Pente douce, lisière de la forêt, 450 m. Bobi près Ngali, 2 septembre 1896. — Sous-arbrisseau, de 50 cm. de haut. Feuilles coriaces, d'un vert foncé, fleurs blanches. (Herb. Fr. Thonner n. 46).

DISTRIB. : **Afrique trop. occ.**

MALLOTUS *Lour.* Fl. Cochinch. (1790) p. 635.

Mallotus oppositifolius *(Geisel.) Müll. Arg.* in Linnaea XXXIV (1866) p. 194 et in *DC.* Prodr. regn. veget. XV, 2 p. 976; *Th. Dur.* et *De Wild.* Mat. fl. Congo II p. 60 (Bull. Soc. roy. de Bot. de Belg. XXXVII, 1 [1898] p. 105).

Colline, forêt et buissons, 400 et 450 m. Upoto, 23 août 1896.— Arbrisseau de 2 m. de haut. Fleurs jaunes, odorantes. (Herb. Fr. Thonner n. 2 et n. 4).

DISTRIB. : **Afrique trop.; Madagascar.**

TRAGIA *Plum.* ex *L.* Gen. pl. ed. 1 (1737) p. 282.

Tragia tenuifolia *Benth.* in *Hook.* Niger Flora (1849) p. 502; *Müll. Arg.* in *DC.* Prodr. regn. veget. XV, 2 p. 945.

Pente douce, forêt et plantations, 450 m. Bobi près Ngali, 2 septembre 1896. — Sous-arbrisseau grimpant. Fleurs vertes. (Herb. Fr. Thonner n. 43).

DISTRIB. : **Ile Saô Thomé.**

PYCNOCOMA *Benth.* in *Hook.* Niger Fl. (1849) p. 508.

Pycnocoma Thonneri *Pax* in *De Wild.* et *Th. Dur.* Contrib. fl. Congo p. 51 (Ann. Mus. Congo. Bot. sér. II, 1 [1899] p. 51). — Tab. nostr. XII.

Frutescens caule crassiore; foliis estipulatis subcoriaceis intense viridibus glaberrimis petiolatis, rhombeis vel ovato-rhombeis acutis, basin versus in petiolum alatum lamina paulo breviorem attenuatis margine undulatis minute spinuloso-denticulatis, reticulatis nonnullis fere trilobis; spicis ad ramulorum apicem axillaribus, rhachi bracteisque concavis extus pilosis; floribus ♂ in bractearum axillis pluribus pedicellatis; sepalis ♂ 4 oblongo-lanceolatis acutis, apice pilosis; staminibus numerosis longe exsertis sepala multoties superantibus disco crasso insertis; flore ♀ in racemo terminali; sepalis ♀ anguste lanceolatis extus adpresse pilosis; ovario piloso triloculari, stylis 3 connatis, superne longe liberis, stigmate incrassato coronatis.

Lignosa 0,5 m. alta. Folia 15-30 cm. longa, 10 cm. lata, petiolo 5-12 cm. longo suffulta. Inflorescentia 10-12 cm. longa. Filamenta 12-15 mm. longa. Flores albi.

Plaine humide, forêt, 450 m. Ngali. 20 septembre 1896. — Tige ligneuse de 50 cm. Feuilles subcoriaces. Fleurs blanches. (Herb. Fr. Thonner n. 95).

Obs. — Le *P. Thonneri* se rapproche du *P. Zenkeri* Pax (1) trouvé au Kamerun, mais s'en distingue très nettement par la forme des feuilles et par la longueur des filaments staminaux. Chez le *P. Zenkeri* les feuilles sont oblongues acuminées, atténuées vers la base et très entières, chez le *P. Thonneri* elles sont au contraire rhomboidales ou ovales-rhomboidales, aiguës, à bords ondulés, spinuleux-denticulés. Les feuilles du *P. Thonneri* sont d'ailleurs plus petites que celles du *P. Zenkeri*, elles atteignent 25 cm. de long sur 10 cm. env. de large chez cette dernière espèce. Les *P. Zenkeri* et *P. Thonneri* s'écartent de toutes les autres espèces connues du genre par la longueur du pétiole et des filaments staminaux.

Nous avons eu l'occasion de revoir récemment cette jolie espèce dans les matériaux rapportés du Congo par M. Ém. Duchesne, ce dernier a trouvé cette plante dans la même localité ou dans une localité très voisine de celle dans laquelle le *P. Thonneri* a été découvert pour la première fois. Ce *Pycnocoma* forme dans le sous-bois une sorte d'arbrisseau à tige unique dégarnie de feuilles sur la plus grande partie de sa longueur et portant au sommet 5 à 6 feuilles divergentes au centre desquelles naissent les racèmes florifères, à fleurs d'un blanc crème. La plante possède d'après M. Duchesne une odeur nauséabonde caractéristique, qui rappelle parait-il celle du poisson en décomposition. Elle se présente isolée de distance en distance dans le sous-bois, ce qui lui donne un aspect très curieux.

PHYLLANTHUS *L.* Gen. ed. 1 (1737) p. 282.

Phyllanthus capillaris *Schumach.* et *Thonn.* Beskr. Guin. Pl. (1827) p. 417; *Müll. Arg.* in *DC.* Prodr. regn. veget. XV, 2 p. 338; *Th. Dur.* et *Schinz* Étud. fl. Congo I p. 242; *Th. Dur.* et *De Wild.* Mat. fl. Congo II p. 58 (Bull. Soc. roy. de Bot. de Belg. XXXVII, 1 [1898] p. 103).

Colline, forêt, 400 m. Upoto, 23 août 1896. — Sous-arbrisseau, de 1 m. de haut. Fleurs blanchâtres. (Herb. Fr. Thonner n. 1).

Distrib. : **Angola, Kamerun, Guinée, Congo.**

(1) In Engl. Bot. Jahrb. XXVI (1899) p. 329.

HIPPOCRATEACEAE

SALACIA *L.* Mant. pl. II (1771) p. 150 et 293.

Salacia congolensis *De Wild.* et *Th. Dur.* Illustr. fl. Congo I
(1899) p. 85 pl. XLIII (Ann. Mus. Congo. Bot. sér. I, 1 p. 85
pl. XLIII) et Contrib. fl. Congo I p. 16 (Ann. Mus. Congo. Bot.
sér. II, 1 [1899] p. 16). — Tab. nostr. XX.

Frutex glaberrimus, 1-1,5 m. altus, ramis teretibus, sulcatis,
cortice levi, brunneis; foliis oppositis, petiolatis, elliptico-oblongis,
acuminatis basi angustatis, coriaceis, serratis, supra lucidis, siccitate
brunneis, subtus pallidioribus, venis reticulatis, 5-11 cm. longis et
2-5 cm. latis, petiolis circ. 5 mm. longis, supra canaliculatis; floribus
fasciculatis axillaribus, luteis, fasciculis sessilibus, paucifloris, floribus 3-5, pedicellis floriferis circ. 4-5,5 mm. longis, petiolum subaequantibus vel leviter superantibus. Calycis lobis circ. 1 mm. longis,
late rotundatis, petalis circ. 3 mm. longis, late oblongis, obtusis,
disco plus minus conico, filamentis staminum basi dilatatis, post
anthesim contortis, antheris apice conniventibus, basi divergentibus. Ovarium pyriforme, loculis 3 biovulatis.

Colline, buissons, 450 m. Mongo, 16 septembre 1896. — Arbrisseau de 1,50 m. de haut. Branches divergentes. Feuilles coriaces.
Fleurs jaunes. (Herb. Fr. Thonner n. 90).

Obs. — Bien que les caractères spécifiques ne soient pas faciles à saisir dans
les espèces très polymorphes de ce genre, la plante que nous décrivons ici
nous a paru bien distincte des autres *Salacia* indiqués dans l'Afrique tropicale (1). Elle semble, autant que l'on puisse en juger d'après des descriptions et en l'absence de spécimens authentiques, devoir se classer dans le
voisinage des *S. cornifolia* Hook. et *prinoïdes* DC. et paraîtrait avoir surtout de l'analogie avec cette dernière espèce, dont la présence dans le Grand-
Bassa est douteuse, car l'échantillon rapporté par Vogel est assimilé avec
doute au *S. prinoïdes* par M. Oliver (Fl. trop. Afr. p. 375 in obs.).

GERANIACEAE

IMPATIENS *Riv.* ex *L.* Syst. ed. 1 (1735) et Gen. pl. ed. 1
(1737) p. 168.

Impatiens bicolor *Hook. f.* in Journ. Linn. Soc. VI (1852) p. 7 et
in Bot. Mag. tab. 5366; *Oliv.* Fl. trop. Afr. I p. 299; *Warb.* in
Engl. Pflanzenw. Ost-Afrik. C p. 252.

Pente douce, forêt, 450 m. Bobi près Ngali, 2 septembre 1896.
— Herbe charnue. Feuilles rougeâtres à la face inférieure. Fleurs
d'un vert jaunâtre, à éperon pourpre foncé. (Herb. Fr. Thonner n. 40).

DISTRIB. : **Guinée supérieure, Région des sources du Ghasal, Région des grands lacs,
Kamerun, Gabon-Loango.**

(1) Cf. Oliv. Fl. trop. Afr. I p. 372.

Impatiens Thonneri *De Wild.* et *Th. Dur.* nov. sp. — Tab. nostr. XI.

Herba erecta 30-35 cm. alta, glabra, caule crasso, succulento, foliis ovato-elliptico-lanceolatis, 6-12 cm. longis et 2.5-4,5 cm. latis, alternis, petiolatis, petiolo circ. 7 mm. longo, glandulis petiolatis sparse asperso, utrinque acutis, margine crenatis, in crenaturis non ciliolatis sed apice, crenaturis acute prominentibus utrinque glabris supra viridibus infra pallidioribus, albescentibus, nervis lateralibus circ. 9-10 supra et infra paulo vel non prominentibus, marginem petentibus; floribus purpureis axillaribus, solitariis vel binis longe pedunculatis, pedunculo gracili, 6-7 cm. longo, sepalis lateralibus angustis ovato- ellipticis, circ. 5 mm. longis et 2,5 mm. latis, viridibus; labello colorato, glabro, maximo, sensim in calcar 5 cm. longum, apice acutum attenuato, labello apice circ. 1 cm. lato; alis profunde et inaequilateraliter bifidis, circ. 2,5 cm. latis, vexillo subcirculari, paulo inciso, circ. 2 cm. lato; ovario elliptico, 5-loculari, stigmatibus sessilibus; andrœceo cucullato, basi 5-fido; fructibus ellipticis, circ. 18 mm. longis et 6 mm. latis, seminibus brunneis, ovato-ellipticis, plus minus compressis, rugulosis, circ. 3 mm. longis et 1,5 mm latis.

Ruisseau, forêt, 450 m. Ngali, 28 août 1896. — Herbe charnue. Feuilles herbacées. Fleurs pourpres. (Herb. Fr. Thonner n. 24).

Obs. — C'est à n'en pas douter dans le voisinage immédiat de l'*I. Irvingii* qu'il faut ranger l'espèce que nous venons de décrire. Elle appartient comme cette espèce à la section *Macrocentra* Warb. caractérisée par : les fleurs solitaires ou géminées à l'aisselle des feuilles, l'éperon plus long que la fleur. Elle ne peut être confondue avec l'*I. Kirkii* Hook. f. dont les feuilles sont velues à la face inférieure, et diffère de l'*I. Irvingii*, dont elle se rapproche beaucoup par la forme de ses feuilles qui sont souvent plus larges vers la base qu'au milieu et par la grandeur de ses fleurs. l'éperon est en outre entièrement glabre, tandis qu'il est velu dans les échantillons de l'*I. Irvingii* que nous avons eu l'occasion d'examiner. Néanmoin, il serait utile de réétudier sur de bons échantillons l'*I. Irvingii*, afin de faire connaître avec plus de détail les caractères spécifiques de cette espèce. ce ne sera qu'après une étude sérieuse de ce type que l'on pourra affirmer que la plante récoltée par M. Fr. Thonner. doit être conservée comme espèce distincte.

AMPELIDACEAE

VITIS *(Tourn.)* *L.* Syst. ed. 1 (1735) et Gen. pl. ed. 1 (1737) p. 56.

Vitis producta *Afzel.* ex *Baker* in *Oliv.* Fl. trop. Afr. I (1868) p. 389; *De Wild.* et *Th. Dur.* Contrib. fl. Congo I p. 16 (Ann. Mus. Congo, Bot. sér. II, 1 [1899] p. 16).

Pente douce sablonneuse, forêt, 450 m. Ngali, 27 août 1896. —

Herbe grimpante. Feuilles rouges sur la face inférieure. Fleurs jaunâtres, rouges extérieurement. Baies rouges. (Herb. Fr. Thonner n. 18).

DISTRIB. : **Sierra-Leone, Angola, Kamerun.**

Vitis Smithiana *Baker* in *Oliv.* Fl. trop. Afr. I (1868) p. 390.

Pente douce, lisière de forêt, 400 m. Bogolo près Businga. 20 octobre 1896. — Arbrisseau grimpant. Feuilles herbacées. Fleurs d'un jaune verdâtre. Fruits d'un violet foncé. (Herb. Fr. Thonner n. 108).

DISTRIB. : **Angola.**

TILIACEAE

CORCHORUS *L.* Syst. ed. 1 (1735) et Gen. pl. ed. 1 (1737) p. 156.

Corchorus olitorius *L.* Sp. pl. ed. 1 (1753) p. 529; Bot. Mag. (1828) t. 2810; *Mast.* in *Oliv.* Fl. trop. Afr. 1 p. 262; *Th. Dur.* et *Schinz* Étud. fl. Congo 1 p. 83.

Plaine, buissons, 400 m. Mukangana près Ndobo, 7 septembre 1896. — Sous-arbrisseau de 1 m. de haut. Feuilles herbacées. Fleurs jaunes. (Herb. Fr. Thonner n. 70).

DISTRIB. : **Cultivé et naturalisé dans les régions trop. du monde entier.**

TRIUMFETTA *Plum.* ex *L.* Gen. ed. 1 (1737) p. 444.

Triumfetta rhomboidea *Jacq.* Stirp. Amer. hist. (1780) t. 134; *DC.* Prodr. regn. veget. 1 p. 257; *Mast.* in *Oliv.* Fl. trop. Afr. 1 p. 257; *Th. Dur.* et *Schinz* Étud. fl. Congo I. p. 82; *Th. Dur.* et *De Wild.* Mat. fl. Congo 1 p. 66 (Bull. Soc. roy. de Bot. de Belg. XXXVII, I [1898] p. 111.

Triumfetta trilocularis *Guill.* et *Perr.* Fl. Séneg. tent. 1 (1831) p. 93.

Colline, buissons, 450 m. Upoto, 23 août 1896. — Arbrisseau de 2 m. de haut. Fleurs jaunes. (Herb. Fr. Thonner n. 6).

Colline, buissons, 400 m. Boyangi près Ndobo, 7 septembre 1896. — Sous-arbrisseau, de 1 m. de haut. Feuilles herbacées. Fleurs jaunes, à tube rougeâtre. Fruits verts, à crochets bruns. (Herb. Fr. Thonner n. 65).

DISTRIB. : **Asie et Afrique trop. et subtrop.**

STERCULIACEAE

SCAPHOPETALUM *Mast.* in Journ. Linn. Soc. X (1869)
p. 28.

Scaphopetalum Thonneri *De Wild.* et *Th. Dur.* ex *De Wild.* in
Bull. Herb. Boissier V (1897) p. 521 pl. 21 et in Illustr. fl. Congo
1 p. 13 pl. VII (Ann. Mus. Congo. Bot. sér. 1 p. 13 [1899] pl. VII).
— Tab. nostr. XIX.

Scaphopetalum monophysca *K. Schum.* in *Engl.* et *Prantl* Natürl.
Pflanzenfam. Nachtr. zu Teil II-IV (1897) p. 247.

Frutex circ. 2 m. altus, apicibus ramorum pilis brunneis obsitis
demum glabris; foliis alternis, oblongis, basi subcordatis, apice
abrupte acuminatis, acumine acuto, integris, viridibus, coriaceis,
supra lucidis, glabris vel ad nervos parce et sparse pilosis, 9-23 cm.
longis et 2,5-7,5 cm. latis, petiolatis, petiolo 6-8 mm. longo, velutino,
asymetricis, versus basin unilateraliter contractis et supra sinu
prominenti munitis, nervis lateralibus ante marginem arcuatim
anastomosantibus, utrinque circ. 6-9, supra non subtus paulo prominentibus et cum venulis conspicuis arcte reticulato-anastomosantibus,
nervo basilari nervo mediano unilateraliter approximato et cum
venulo secundario anastomosante, inter nervo mediano et laterali
approximato sinu aperto; stipulis subulatis, caducis; floribus minoribus, circ. 5 mm. longis, fasciculatis, fasciculo 10-20 mm. longo,
ramoso, axillari, pedicellatis, pedicello 5-6 mm longo, bracteato,
bracteis subulatis, ciliatis, sepalis 5, fere usque ad basin liberis,
oblongis, extus velutinis, plus minus carinatis, trinerviis, petalis 5,
viridibus, sepalis subaequilongis, oblongo-obtusis, apice recurvatis,
cuculliformibus, striatis, tubo staminum membranaceo, pentagono,
hypocrateriformi, angulis fertilibus 5, lobis intermediis sterilibus,
fertilibus oppositipetalis, petalis in alabastro stamina obtegentibus
antheris 6 subsessilibus, aggregatis, lobis sterilibus breviter triden-
tatis, dente mediano obtuso, laterali angusto; ovario oblongo 5-
loculari, stylo integro, recto vel apice leviter recurvato, fructibus
rubris, stellatis, 5-locularibus apice cornutis, prominentibus, loculis
circ. 4 spermis, placentatione centrali.

Pente douce, forêt, clairière, 450 m. Bobi près Ngali, 2 septembre 1896. — Arbrisseau de 2 m. de haut. Feuilles coriaces, luisantes, d'un vert foncé. Fleurs vertes. Fruits rouges. (Herb. Fr.
Thonner n. 48).

Obs. — Comme nous l'avons fait remarquer en décrivant cette espèce, le
genre *Scaphopetalum* ne comprenait que trois espèces décrites en 1869 par
M. Masters, dans le *Journal of the Linnean Society* t. X; toutes trois ont
été trouvées pour la première fois dans la Guinée, mais ont été retrouvées

depuis dans d'autres parties de l'Afrique. Ces trois espèces se distinguent facilement du *S. Thonneri* qui est l'unique espèce du genre possédant des feuilles adaptées à la myrmécophilie. Cette plante est probablement assez répandue en Afrique tropicale, nous l'avons trouvée fort bien représentée dans les collections d'Alfr. Dewèvre et c'est d'après ces matériaux que nous avons pu donner les caractères du fruit; les échantillons récoltés par M. Fr. Thonner étant seulement munis de fleurs. Peu de temps après l'apparition de notre mémoire dans le Bulletin de l'Herbier Boissier, M. le Dr K. Schumann, a décrit sous le nom de *S. monophysca* la même plante, provenant du Kamerun, nous avons eu l'occasion d'étudier à Genève des échantillons authentiques de cette dernière espèce et de vérifier ainsi l'identité des deux espèces.

Les caractères suivants permettent de différencier les quatre espèces du genre :

Calice à 5 segments presque libres jusqu'à la base :

Inflorescence rameuse, longue, pendante. *S. longipedunculatum.*
Inflorescence rameuse, courte, dressée. . *S. Thonneri.*

Calice à deux valves, inflorescences fasciculées :

Feuilles oblongues-acuminées, contractées
   un peu au dessus de la base . . . . . *S. Mannii.*
Feuilles oblongues-lancéolées, non contractées vers la base . . . . *S. Blackii.*

Comme on le voit, le *S. Thonneri* se sépare au premier examen des *S. Blackii* et *Mannii* par son calice 5-partite, il se différencie facilement du *S. longipedunculatum* par la forme de l'inflorescence et par le renflement de la base des feuilles.

OCHNACEAE

OURATEA *Aubl.* Pl. Guian. I (1775) p. 397.

Ouratea laxiflora *De Wild.* et *Th. Dur.* in *Th. Dur.* et *De Wild.* Mat. fl. Congo III p. 25. (Bull. Soc. roy. de Bot. de Belg. XXXVIII [1899] p. 33). — Tab. nostr. I.

Frutex, circ. 2 m. altus; ramulis glabris; foliis coriaceis petiolatis, ellipticis, basi et apice cuneatis, apice plus minus breviter acuminatis, acutis, utrinque nitidis, integris, serrulatis, plus minus undulatis, nervis primariis non parallelis nec confertissimis, sed arcuatim versus marginem et cum venis anastomosantibus, non prominentibus, petiolo circ. 4 mm. longo, lamina 7-14 cm. longa et 3-5,5 cm. lata; ramulis floriferis terminalibus, basi bracteatis, bracteis numerosis, usque ad basin liberis vel parce coalitis, longe triangulari-acutis, 6-7 mm. longis, persistentibus, paniculis laxifloris, racemosis, gracilibus, folia superantibus, 9-15 cm. longis, pedunculis plus minus angulatis et compressis, pedicellis longis, sepalis longioribus, infra medium articulatis, supra articulationem leviter inflatis, 6-12 mm. longis, 2-3 fasciculatis, superne solitariis, basi bracteatis, bracteis caducis; sepalis oblongis, obtusis, intus et extus glabris, floriferis 4-5 mm. longis et circ. 3 mm. latis, fructiferis circ. 6 mm. longis et 4 mm. latis; petalis luteis, obovato-cuneatis, breviter emarginatis, sepala superantibus, circ. 7 mm. longis et 4 mm. latis; staminibus petalis brevioribus, circ. 3 mm. longis, breviter stipitatis, apice biporis; ovario profunde lobato, lobis subsessilibus, luteis, stylo integro stamina aequante, drupis in sicco nigrescentibus, reticulatis, nitidis, elliptico-ovoideis, 9 mm. circ. longis et 6 mm. circ. latis, calycem superantibus, sepalis fructiferis rubris, persistentibus, erectis; disco crasso.

Pente douce, sablonneuse, forêt, 450 m. Ngali, 28 août 1896. — Arbrisseau dressé de 2 m. de haut. Feuilles coriaces. Fleurs jaunes. Baies jaunes, finalement noires; calice rouge. (Herb. Fr. Thonner n. 20).

Obs. — Cette plante, très voisine de l'*O. reticulata* (Pal. Beauv.) Engl., appartient comme cette dernière à la section *Palaeouratea* Gilg et à la subdivision *Reticulatae — Subreticulatae* Engl. Les caractères suivants nous ont particulièrement engagés à faire de la plante récoltée par M. Thonner une espèce nouvelle. Les panicules florales sont beaucoup moins ramifiées que chez le vrai *O. reticulata*, les fascicules floraux plus éloignés les uns des autres, ce qui donne un aspect beaucoup plus lâche à l'ensemble. Les sépales sont moins longs et proportionnellement plus larges, aussi les boutons ovoïdes-globuleux des fleurs de l'*O. laxiflora* présentent-ils une différence nette avec ceux de l'*O. reticulata* qui sont ovales-pointus. La base des panicules florifères privée de bractées chez l'*O. reticulata*, présente chez l'*O. laxiflora*, entre les premières ramifications plusieurs bractées persistantes souvent très rapprochées. Les bractées intraaxillaires sont plus longues dans notre nouvelle espèce que chez l'*O. reticulata*. Les auteurs décrivent les sépales de cette dernière espèce comme réfléchis ou étalés, tandis que dans notre plante ils sont redressés sur le fruit, ce qui s'observe surtout fort bien quand, par suite d'avortement, il ne reste qu'un drupe au centre du calice; le drupe alors bien entouré des lobes calycinaux, les dépasse assez fortement.

BIXACEAE

ONCOBA *Forsk.* Fl. Aegypt. Arab. (1775) p. 103.

Oncoba Welwitschii *Oliv.* Fl. trop. Afr. I (1868) p. 117; *Th. Dur.* et *De Wild.* Mat. fl. Congo 1 p. 4 (Bull. Soc. roy. de Bot. de Belg. XXXVI, 2 [1897] p. 50).

Colline, buissons, 450 m. Mongo, 16 septembre 1896. — Arbre de 5 m environ de haut. Écorce grise verruqueuse. Feuilles papyracées. Fleurs blanches insérées sur la partie inférieure des fortes branches. Fruits verts, épineux et déhiscents. (Herb. Fr. Thonner n. 88).

Distrib. : **Angola, Congo.**

BUCHNERODENDRON *Gürke* in *Engl*. Bot. Jahrb. XVIII
(1893) p. 167.

Buchnerodendron speciosum *Gürke* in *Engl*. Bot. Jahrb. XVIII
(1893) p. 161 tab. VI; *Th. Dur*. et *Schinz* Étud. fl. Congo I p. 64;
De Wild. et *Th. Dur*. Contrib. fl. Congo I p. 9 (Ann. Mus. Congo.
Bot. sér. II, 1 [1899] p. 9).

Plaine humide, broussailles, 400 m. Bombati près Ndobo,
10 septembre 1896. — Arbrisseau, de 3 m. de haut. Feuilles cotonneuses. Fleurs blanches. Calice couvert extérieurement de poils
blancs. (Herb. Fr. Thonner n. 74).

Obs. — Les échantillons récoltés par M. Fr. Thonner possèdent des
feuilles de 21-28 cm. de long et de 16-26 cm. de large, elles sont donc plus
larges que celles des plantes trouvées par Buchner, von Mechow et Pogge.

Distrib. : **Congo.**

THYMELAEACEAE

DICRANOLEPIS *Planch*. in *Hook*. Icon. pl. VIII (1848)
tab. 798.

Dicranolepis Thonneri *De Wild*. et *Th. Dur*. in *Th. Dur*. et
De Wild. Mat. fl. Congo IV p. 37 (Bull. Soc. roy. de Bot. de Belg.
XXXVIII, 2 [1899] p. 114). — Tab. nostr. X.

Frutex circ. 0,5 m. altus; ramulis pubescentibus demum glabris;
foliis breviter petiolatis, petiolo pilis longis laxissime asperso, circ.
1,5 mm. longo, oblongis vel ovato -oblongis, eximie obliquis, longis-
sime acuminatis, acumine circ. 7 mm. longo, acutissimo, supra glabris, subtus pallidioribus, imprimis ad nervos longe pilosis, nervis
supra non, subtus valde prominentibus, 3-6 cm. longis et 13-26 mm.
latis; floribus 1-3, subsessilibus; receptaculo tereti, pilis albis
asperso, circ. 10 mm. longo, cir. 0,5 mm. lato, sepalis ovato-oblongis,
pilosis, circ. 4 mm. longis et circ. 1 mm. latis; petalis albis, usque
ad basin bipartitis, laciniis integris vel apice breviter undulatis,
ovatis, plus minus acutis, sepalorum dimidium superantibus; staminibus inaequilongis, bilocularibus, longioribus cum sepalis alternan-
tibus; ovario stipitato, uniloculari, uniovulato, elongato, disco
cupuliformi, stylo elongato, exserto, apice capitato.

Plaine humide, forêt, 400 m. Boyangi près Ndobo, 5 septembre
1896. — Arbrisseau, de 0,50 m. de haut. Feuilles herbacées, fleurs
blanches. (Herb. Fr. Thonner n. 62).

Obs. — Ce *Dicranolepis* que nous dédions à M. Fr. Thonner, semble devoir
se placer dans le voisinage des *D. Buchholzii* Gilg et *oligantha* Gilg (in Engl.
Bot. Jahrb. XIX p. 273 et 274). Mais les fleurs fasciculées, rarement solitaires,

doivent faire écarter le *D. Thonneri* des deux autres espèces. Notre plante possède en outre des feuilles plus petites que celle du *D. Buchholzii*, moins longuement acuminées et plus courtement pétiolés, velues sur la face inférieure. Les fascicules floraux séparent, comme nous venons de le dire, notre plante du *D. oligantha*, dont les feuilles plus longuement pétiolées, plus fortement acuminées, à acumen légèrement recourbé, ont à peu près la même grandeur que celles du *D. Thonneri*. De plus, des différences dans les caractères floraux ne permettent pas, pensons-nous, de confondre ces deux espèces.

COMBRETACEAE

COMBRETUM *Lœffl.* Iter. hispanicum (1758) p. 308; *L.* Syst. nat. ed. X (1759) p. 999.

Combretum Lawsonianum *Engl.* et *Diels* in *Engl.* Monog. Afr. Pflanzenfam. und Gatt. III. Combretaceae, Combretum (1899) p. 101 pl. XXX fig. *a-h.*

Cacoucia paniculata *Lars.* in *Olir.* Fl. trop. Afr. II (1871) p. 434.

Colline, buissons, 450 m. Mongo, 16 septembre 1896. — Arbrisseau de 3 m. environ de haut. Branches minces, courbées. Feuilles coriaces. Fleurs carnées. Fruits jaunes ou rouges. (Herb. Fr. Thonner n. 91).

DISTRIB. : **Afrique trop. occ. et centrale.**

MELASTOMATACEAE

GUYONIA *Naud.* in Ann. sc. nat. sér. 3 XIV (1850) p. 149.

Guyonia intermedia *Cogn.* nov. sp. — Tab. nostr. XVI.

Fere glaberrima; caule repente, ramis laxis, ascendentibus; foliis mediocribus, obscure crenulatis, brevissime sparseque ciliatis, supra sub lente subtiliter sparseque setulosis, subtus glaberrimis; floribus 5-meris; calycis tubo glaberrimo, lobis linearibus, sparse longeque setuloso-ciliatis, tubum aequantibus; petalis obovato-oblongis, abrupte acutis; antheris oblongis, apice obtusis demum truncatis, connectivo basi longiuscule producto.

Caules gracillimi, ramis filiformibus, glaberrimis vel ad nodos vix setulosis, intermediis elongatis. Petiolus filiformis, 4-6 mm. longus. Folia late rhombeo-ovata, 12-20 mm. longa, 9-15 mm. lata. Flores solitarii, subsessiles. Calycis tubus 3-3,5 mm. longus; lobi patuli, leviter flexuosi, 3-4 mm. longi. Petala patula, 8 mm. longa. Staminum filamenta 3,5-4 mm. longa; antherae 1-1,25 mm. longae. Stylus filiformis, 5 mm. longus, stigmate capitellato.

Bords d'un ruisseau, forêt, 450 m. Ngali, 28 août 1896. — Herbe rampante. Feuilles rouges sur la face inférieure. Fleurs roses. (Herb. Fr. Thonner n. 21).

Obs. — Cette espèce est exactement intermédiaire entre le *G. tenella* Naud. et le *G. ciliata* Hook. f. Tout récemment M. Gilg (Monog. Afrik. Pflanzenfam. und Gatt. II, *Melast.* p. 4) a cru pouvoir constituer, à l'aide de ce dernier, le nouveau genre *Afzeliella;* mais en tenant compte du *G. intermedia,* ce genre ne se distingue des *Guyonia* que par ses fleurs *tétramères,* et non *pentamères,* caractère qui, dans la tribu des Osbeckiées, n'est jamais considéré comme ayant à lui seul une valeur générique (Alfr. Cogniaux).

DINOPHORA *Benth.* in *Hook.* Niger Fl. (1849) p. 355.

Dinophora Thonneri *Cogn.* in *Th. Dur.* et *De Wild.* Mat. fl. Congo II p. 69 (Bull. Soc. roy. de Bot. de Belg. XXXVII, 1 [1898] p. 114). — Tab. nostr. XVII.

Ramis teretiusculis, junioribus obtuse tetragonis, petiolis pedunculisque leviter purpuraceo-puberulis; foliis rigidiusculis, disparibus oblongis, abrupte acutis, basi rotundatis, margine remote leviterque sinuato-denticulatis, junioribus utrinque tenuiter rufopuberulis praecipue subtus ad nervos; panicula satis parva, laxiuscula, submultiflora; pedicellis breviusculis, sub apicem articulatis; calyce late campanulato, basi obtuso subrotundato.

Frutex circ. 1 m. altus, ramosissimus, ramis gracilibus, patulis, junioribus atro-purpureis. Petiolus gracilis, 2-4 cm. longus. Folia patula, 5-nervia, intense viridia, majora 6-11 cm. longa et 2,5-4,5 cm. lata, minora 5-8 cm. longa et 2-3,5 cm. lata. Paniculae erectae, 7-5 cm. longae; pedicelli subfiliformes, 0,5-1 cm. longi. Calyx laevis, 4-5 mm. longus, fere totidem latus. Petala ovata, acutiuscula, breviter angusteque unguiculata, purpurea extus pallidiora, 8 mm. longa. Antherae 3-4 mm. longae. Stylus 7-9 mm. longus.

Bords d'un ruisseau, forêt, 450 m. Ngali, 28 août 1896. — Arbrisseau de 1 m de haut. Fleurs pourpres. (Herb. Fr. Thonner n. 26).

Obs. — Le genre *Dinophora* ne comprenait qu'une espèce, le *D. spenneroides* Benth., recueilli autrefois dans l'île de Fernando-Po par Vogel et au Gabon par Soyaux, puis dans ces dernières années sur la côte occidentale d'Afrique par M. Dybowski, à Lagos, dans la région des Kamerun, dans le Bas-Congo par M. le capitaine Cabra et tout récemment à Kisantu par M. J. Gilet. La nouvelle espèce se distingue de l'ancienne, d'après M. Alfr. Cogniaux, par ses rameaux plus arrondis, par ses feuilles plus rigides, moins atténuées au sommet, arrondies à la base et non cordées, à dents plus courtes et moins aiguës, les deux feuilles d'une même paire moins inégales; par sa panicule plus courte, plus compacte et moins divariquée; par les pédicelles plus courts, articulés près du sommet et non vers le milieu; par le calice plus large, presque arrondi à la base et non longuement atténué; enfin toutes les parties jeunes sont distinctement pubescentes et non presque entièrement glabres.

ONAGRACEAE

LUDWIGIA *L.* Coroll. Gen. (1737) p 3.

Ludwigia prostrata *Roxb.* Hort. Beng. (1814) p. 11; *Oliv.* Fl. trop. Afr. II p. 490; *De Wild.* et *Th. Dur.* Contrib. fl. Congo I p. 20 (Ann. Mus. Congo. Bot. sér. II, 1 [1899] p. 20).

Bords d'un ruisseau, clairière de forêt, 450 m. Bobi près Ngali, 2 septembre 1896. — Herbe de 1 m. environ de haut. Feuilles herbacées. Fleurs jaunes. (Herb. Fr. Thonner n. 41).

DISTRIB. : **Abyssinie, Mozambique.**

APOCYNACEAE

STROPHANTHUS *DC.* in Bull. Soc. Philom. III (1802) p. 122.

Strophantus Preussii *Engl.* et *Pax* in *Engl.* Bot. Jahrb. XV (1892) p. 369; *Franch.* in Nouv. Archiv. Mus. sér. 3, V p. 279.

Plaine humide, broussailles, 400 m. Bombati, près de Ndobo, 10 septembre 1896. — Arbrisseau de 2 m. de haut. Branches minces. Écorce d'un brun foncé. Feuilles coriaces. Corolle pourpre clair ou rose extérieurement, blanche ou jaune striée de noir intérieurement, munie d'écailles de couleur orange à la gorge, lobes se terminant en prolongements filiformes d'un jaune verdâtre. (Herb. Fr. Thonner n. 75).

DISTRIB. : **Fernando-Po, Angola.**

TABERNAEMONTANA *Plum.* ex *L.* Gen. ed. 1 (1737) p. 66.

Tabernaemontana Thonneri *Th. Dur.* et *De Wild.* ex *Stapf* in Kew Bull. (1898) p. 306 et in *De Wild.* et *Th. Dur.* Contrib. fl. Congo I p. 39 (Ann. Mus. Congo. Bot. sér. II, 1 [1899] p. 39). — Tab. nostr. VII.

Frutex glaberrimus, ramis crassis. Folia elliptica vel obovato-oblonga, petiolata, obtusissima, apiculata, basi subacuta vel rotunda, coriacea, subtus pallida, punctata, nervis utrinque circ. 11-12 plerumque ad 3/4 recta, venis plus minusve inconspicuis; petiolus robustus; stipulae intrapetiolares breves, obtusae. Cymae robustae, corymbosae, submultiflorae, basi dichotomae; pedunculus pedicellique robusti; bracteae parvae, ovatae, acutae. Calyx profunde 5-partitus,

segmentis ellipticis obtusissimis minute ciliolatis basi glandulis numerosis stipatis. Corolla alba, odorata; tubus ima basi tortus, caeterum
rectus, intus supra et infra stamina tomentosus; lobi oblongi, margine crispulo. Stamina paulo supra basin inserta; antherae subulato-
acuminatae. Ovarium biloculare, stylo plus minus elongato, apice
incrassato.

Frutex circ. 5 m. altus. Folia 20-30 cm. longa, 12-20 cm. lata;
nervi secundarii 16-24 mm. distantes. Cymae 5-6 cm. longae; pedunculus 7-11 cm. longus; pedicelli ad 12 mm. longi. Calyx 5-6 mm.
longus. Corollae tubus 5,5 cm. longus, ad staminum insertionem 6
mm., medio vix 3 mm. latus; lobi 2,5-3 cm. longi, 7-8 mm. lati.
Stamina 8 mm. supra basin inserta; antherae fere 10 mm. longae.
Stylus 6-7 mm. longus. (Stapf l. c.).

Pente douce, lisière de forêt, 400 m. Bogolo près Businga, 20 octobre 1896. — Arbrisseau de 5 m environ de haut. Feuilles coriaces.
Fleurs blanches, odorantes (Herb. Fr. Thonner n. 109).

OBS. — Cette plante, que nous avions dénommée en herbier *T. Thonneri*
Th. Dur. et De Wild., a été décrite par M. le Dr O. Stapf de l'Herbier royal de
Kew à qui nous avions confié la détermination des Apocynacées du Congo.
Cette espèce se range dans le voisinage immédiat du *T. durissima* Stapf (1).
elle s'en distingue par le port, par les feuilles plus grandes et plus larges, à
nervures plus nombreuses et par les lobes de la corolle plus courts. Le
T. durissima a été récolté par Soyaux dans le Gabon, à Munda et Sibange
farm. Le Musée de Kew possède deux échantillons, l'un du Vieux Calabar
(Thomson), l'autre du Bas-Congo (Chr. Smith) qui doivent peut-être se rap-
porter au *T. Thonneri*.

ASCLEPIADACEAE

DAEMIA *R. Br.* in Mem. Wern. Soc. I (1809) p. 50.

Daemia extensa *R. Br.* in Mem. Wern. Soc. 1 (1809) p. 50; *Decne*
in *DC.* Prodr. regn. veget. VIII p. 544; *Jacq.* Icon. rar. I tab. 54.

Plaine, plantations, 400 m. Yabosumba près Ndobo, 10 septembre 1896. — Herbe grimpante. Feuilles herbacées. Fleurs blanches,
poilues sur les bords. (Herb. Fr. Thonner n. 76).

DISTRIB. : **Afrique trop.; Malaisie, Indes or.**

VERBENACEAE

LANTANA *L.* Gen. ed. 1 (1737) p. 185.

Lantana salviifolia *Jacq.* Hort. Schoenbrunn. III (1798) p. 18
tab. 285; *Schauer* in *DC.* Prodr. regn. veget. XI p. 605; *Th. Dur.*

(1) In Kew Bull. (1894) p. 24.

et *De Wild*. Mat. fl. Congo II p. 79 (Bull. Soc. roy. de Bot. de Belg. XXXVII, 1 [1898] p. 124).

Collines, prairies, 400 m. Mombanza près Businga, 22 octobre 1896. — Sous-arbrisseau de 1 m. de haut. Feuilles herbacées, à odeur de menthe. Fleurs blanches ou rougeâtres. Fruits violets. (Herb. Fr. Thonner n. 120).

Distrib. : **Afrique trop. et mérid.**

SOLANACEAE

SOLANUM *(Tourn.) L.* Syst. ed. 1 (1735) et Gen. pl. ed. 1 (1737) p. 51.

Solanum symphyostemon *De Wild*. et *Th. Dur*. Contr. fl. Congo 1 p. 44 (Ann. Mus. Congo Bot. sér. II, 1 [1899] p. 44) et in Illustr. fl. Congo pl. LVII (Ann. Mus. Congo. Bot. sér. I p. 113 pl. LVII). — Tab. nostr. XXII.

Fruticosus scandens; caule tereti, puberuloso, deinde levi, lenticellato; foliis herbaceis, oblongis, subcordatis, superne glabris, inferne velutinis integris vel undulatis, nervis lateralibus supra et infra paulo prominentibus; paniculis strictis terminalibus breviter ramosis, floribus fasciculatis vel raro solitariis, fasciculis 3-8-floris, calyce cupulari breviter 5-dentato extus breviter piloso; dentibus triangulari-acutis, corolla violacea, profunde 5-lobata, valvata, extus pubescente, lobis elongatis, plus minus acutis; staminibus 5, antheris et filamentis in tubum connatis; ovario globoso biloculari, stylo filiformi apice leviter inflato, tubo staminum dimidio longiore.

Folia 2-10 cm. longa, 1,5-7 cm. lata, petiolus 1-4 cm. longus. Pedicelli circ. 7-10 mm. longi. Calyx cum dentibus circ. 2 mm. longus. Corolla circ. 9 mm. longa.

Plaine humide, plantations, 450 m. Bolombo près Ngali, 21 septembre 1896. — Arbrisseau grimpant. Feuilles herbacées. Fleurs d'un violet pâle. (Herb. Fr. Thonner n. 96).

Obs. — Le *S. symphyostemon* dont nous avons donné une description sommaire dans les Contributions à la flore du Congo et qui est figuré dans les Illustrations de la flore du Congo fasc. V pl. LVII possède un caractère si particulier dans la soudure des filets des étamines constituant un tube autour du style, qu'il s'écarte au premier examen de toutes les espèces que l'on connaissait jusqu'à ce jour dans ce genre. Ce caractère, dont nous avons tiré le nom spécifique de la plante trouvée par M. Fr. Thonner, serait très suffisant pour créer une section dans le genre, mais l'on peut se demander si l'on ne se trouve pas ici en présence d'un caractère exceptionnel? La découverte du *S. symphyostemon* forcera néanmoins les auteurs à modifier dans une certaine mesure la diagnose générique des *Solanum*, dans laquelle il faudra ajouter (cf. Dunal in DC. Prodr. regn. veget. XIII, 1 p. 27) : « filamenta brevissima, aequalia vel rarius inaequalia, *libera vel connata* ».

Quant aux autres caractères ils cadrent bien avec ceux des espèces de la section *Pachystemon* Dun. sous-section *Dulcamara* Dun. subdivision *Subdulcamara* Dun.

La corolle profondément lobée, qui semble même, à première vue, polypétale, les feuilles cordiformes à la base et à lame un peu décurrente le long du pétiole constituent également de bons caractères spécifiques.

SCROPHULARIACEAE

HARVEYA *Hook*. Icon. pl. (1837) tab. 118 et 351.

Harveya Thonneri *De Wild.* et *Th. Dur.* nov. sp. —Tab. nostr. VI.

Herba erecta, 10-20 cm. alta, saprophyta, lutea, glabra, sicca nigrescens ; foliis panis, ovatis, bracteiformibus, pallide luteis ; internodiis circ. 1,5 cm. longis ; bracteis ovatis foliis simillimis plus minus acutis pedicellos paulo superantibus, circ. 8-12 mm. longis ; calyce tubuloso, obliquo, circ. 18 mm. longo et 6 mm. circ. lato, dentibus oblongo-triangularibus quam tubus circ. 4-plo brevioribus ; floribus axillaribus, oppositis, solitariis, pallide luteis ; corollae tubo oblique infundibuliformi, tubo circ. 3 cm. longo, basi circ. 4 mm. lato, apice plus minus recurvato et inflato, circ. 12 mm. lato, lobis posticis quam antici paulo majoribus, patentibus, lobo postico mediano lobato, circ. 12 mm. lato ; staminibus filiformibus, tubum corollae non superantibus, antheris inaequalibus, una theca sterili, longa, acuta, circ. 4 mm. longa, altera fertili anguste elliptica, circ. 2,5 mm. longa ; ovario elliptico, biloculari, stylo elongato, tubum corollae paulo superante, apice capitato ; capsula ovato-elliptica, biloculari, seminibus numerosissimis.

Plaine humide, forêt, 450 m. Bobi près Ngali, 2 septembre 1896 — Herbe saprophyte, jaunâtre. Feuilles écailleuses, d'un jaune pâle. Fleurs d'un jaune pâle, jaune citron à la gorge. (Herb. Fr. Thonner n. 37).

Obs. — Cette intéressante petite plante saprophyte n'a pu être rapprochée d'aucune autre espèce du genre *Harveya*. Celui-ci appartient d'ailleurs tout particulièrement à la flore de l'Afrique australe, on ne semble en avoir indiqué que trois espèces dans l'Afrique tropicale : les *H. obtusifolia* (Benth.) Vatke, *Buchwaldii* Engl. et *versicolor* Engl. qui toutes les trois paraissent d'après les descriptions différer notablement de la plante de M. Thonner (cf. Pflanzenw. Ost-Afrik. C. p. 362 et Engl. Bot. Jahrb. XXIII p. 517). L'*H. obtusifolia* (*Aulaya obtusifolia* Benth in *DC*. Prod. regn. veget. X p. 523) possède des feuilles atteignant 35 mm. de long et l'*H. versicolor* est velu, ces caractères permettent de différencier ces deux plantes de notre *H. Thonneri*. Quant à l'*H. Buchwaldii*, il se distingue par les bractées égalant le pédoncule floral, par le calice et tube de la corolle plus court que chez la nouvelle espèce.

TORENIA *L.* Diss. Chen. (1751) p. 45.

Torenia parviflora *Hamilt.* in *Wall.*Catal. (1831) n. 3958; *Benth.* in *DC.* Prodr. regn. veget. X p. 410; *Schmidt* in *Mart.* Fl. Brasil. III p. 322 tab. 56 fig. 1; *Th. Dur.* et *Schinz* Étud. fl. Congo I p. 210.

Bords d'un ruisseau, clairière de forêt, 450 m. Bobi près Ngali, 3 septembre 1896. — Herbe ascendante. Feuilles herbacées. Fleurs violettes, blanches au centre. (Herb. Fr. Thonner n. 53)

DISTRIB. : **Régions tropicales de l'ancien et du nouveau monde.**

BIGNONIACEAE

SPATHODEA *Pal. Beauv.* Fl. d'Oware I (1805) p. 46.

Spathodea nilotica *Seem.* in Journ. of Bot. III (1865) p. 333.

Colline, buissons et forêt, 450 m. Bokapo près Ngali, 5 septembre 1896. — Arbre, de 10 m de haut. Écorce d'un gris clair. Feuilles subcoriaces. Inflorescence terminale. Calice d'un vert jaunâtre, velouté. Corolle rouge écarlate, à tube et à gorge d'un jaune orangé, veiné de rouge. (Herb. Fr. Thonner n. 60).

DISTRIB. : **Afrique trop.**

PEDALIACEAE

SESAMUM *L.* Coroll. Gen. II (1737).

Sesamum indicum *L.* Sp. pl. ed. 1 (1753) p. 634; *DC.* Prodr. regn. veget. IX p. 250; *Th. Dur.* et *De Wild.* Mat. fl. Congo II p. 76 (Bull. Soc. roy. de Bot. de Belg. XXXVII [1898] p. 121).

Collines, plantations, 400 m. Evamkoyo près Businga, 22 octobre 1896. — Herbe dressée de 1,50 m. de haut. Feuilles herbacées. Fleurs blanches ou d'un rose pâle. (Herb. Fr. Thonner n. 115).

DISTRIB. : **Cultivé dans les régions tropicales, paraît être spontané en Afrique.**

Sesamum mombanzense *De Wild.* et *Th. Dur.* nov. sp.; tab. nostr. XIV.

Herba erecta, circ. 0,50 m. alta; radice perpendicularia; caule et petiolis sparse patentim pilosis; foliis inferioribus...., superioribus oppositis, petiolatis, petiolo gracili, 4-6 mm. longo, limbo lanceolatoelliptico, 2-5 cm. longo et 6-18 mm. lato, subtus albo-piloso, supra piloso, margine integro et crispulo-ciliato ; foliis non tripartitis nec dentatis, superioribus gradatim angustioribus versus basin et apicem subaequaliter angustatis, acutis ; bracteolis ad basin pedicellorum filiformibus, pilosis ; pedicellis albo-pilosis, quam sepala lanceolata, 4-5 mm. longa, pilosa brevioribus, circ. 1 mm. longis, accrescentibus, in fructibus 4 mm. attingentibus ; corolla purpurea ubique sparse pilosa; tubi parte inferiore breviter ovoidea, superiore oblique campaniformi, tubo circ. 15 mm. longo staminibus supra basin insertis inaequilongis sed simillibus, antheris apice appendiculatis, appendiculo globuloso-rotundato; ovario piloso, ovoideo, 4-loculari, disco brevi, stylo erecto, apice bilobato; capsulis ellipiticis, compressis, ubique longe albo-pilosis, 12-18 mm. longis et circ. 5 mm. latis ; seminibus obovatis, plano-compressis, margine alato, radiatim sulcatis, nigro-brunneis, circ. 2,5 mm. longis et 1,5 mm. circ. latis, 0,6 mm. circ. crassis.

Colline, rue du village, 400 m. Mbanza (Mombanza) près Businga, 22 octobre 1896. — Herbe dressée, de 0,50 m. de haut. Feuilles herbacées. Fleurs pourpres (Herb. Fr. Thonner n. 116 pr. p.).

Obs. — Ce *Sesamum* appartient, d'après la classification de M. Ascherson à la section *Sesamotypus* (cf. Schinz in *Abhandl. Bot. Ver. Prov. Brandenb.* XXX [1888] p. 184), caractérisée par des feuilles toutes entières. Si nous tenons compte des idées antérieures sur la subdivision du genre (cf. Stapf in Engler *Natürl. Pflanzenfam.* IV, *3b* p. 262), notre espèce appartient à la section *Sesamopteris* Endl. par ses graines aplaties légèrement ailées et striées radialement. Il semble que c'est dans le voisinage des *S. radiatum* Schum. et Thonn., *angustifolium* (Oliv.) Engl. et *angolense* Welw. qu'elle doit se classer. Elle est facile à distinguer du *S. radiatum* par les feuilles opposées et non verticillées; du *S. angolense* par la petitesse de toutes ses parties; du *S. angustifolium* par le fruit non longuement acuminé.

Sesamum Thonneri *De Wild.* et *Th. Dur.* nov. sp. — Tab. nostr. XV.

Herba erecta, circ. 0,50 m. alta; radice perpendicularia, caule et petiolis patentim pilosis; foliis inferioribus..., superioribus oppositis, petiolo gracili, 3-6 mm. longo, limbo elliptico-lanceolato, 1,5-5 cm. longo et 5-15 mm. lato, subtus et supra piloso, margine integro; foliis non tripartitis nec dentatis, superioribus gradatim angustioribus versus basin et apicem subaequaliter angustatis, acutis; bracteolis ad basin pedicellorum filiformibus, pilosis; pedicellis albo-pilosis, quam sepala lanceolata, circ. 3 mm. longa, pilosa brevoribus vel subaequantibus; corolla purpurea, extus sparse pilosa; tubi parte inferiore breviter ovoidea, superiore oblique campaniformi, tubo circ. 15 mm. longo; staminibus supra basin insertis, inaequilongis, dissimilibus, anterioribus brevioribus, antheris horizontalibus, reniformibus, loculis minimis convergentibus, posterioribus longioribus, antheris verticalibus, elongatis, loculis parallelis, apice mucronatis, acutis, non appendiculo globoso munitis ; ovario piloso, ovoideo, 4-loculari, disco brevi, stylo erecto, apice infundibuliformi, profunde bilobato ; capsulis ellipticis, compressis, ubique longe pilosis, 13-18 mm. longis et circ. 6 mm. latis ; seminibus obovatis, plano-compressis, margine alato, radiatim sulcato, brunneis, circ. 2,5 mm. longis et 1,5 circ. latis, 0,6 mm. crassis.

Colline, rue de village, 400 m. Mbanza (Mombanza) près de Businga, 22 octobre 1896. — Herbe dressée, de 0,50 m. de haut. Feuilles herbacées. Fleurs pourpres. (Herb. Fr. Thonner n. 116 pr. p.).

Obs. — Ce *Sesamum* appartient comme le fait voir la description et comme le montre notre planche XV, à la même section du genre que le *S. mombanzense*. Tous deux ont été d'ailleurs récoltés en mélange et nous les avions primitivement rapportés à la même espèce, mais la structure si différente des étamines du *S. Thonneri*, nous a fait séparer spécifiquement cette curieuse forme. Les caractères que nous avons exposés plus haut à la suite de la description du *S. mombanzense*, différencieront facilement notre plante de celles qui lui sont affines, la structure des étamines s'y ajoute et ne permet pas la confusion avec le *S. mombanzense*.

ACANTHACEAE

THUNBERGIA *Retz*. in Phys. Sällsk. Handl. I (1776) p. 163.

Thunbergia Thonneri *De Wild*. et *Th. Dur*. in *Th. Dur*. et *De Wild*. Mat. fl. Congo III p. 33 (Bull. Soc. roy. de Bot. de Belg. XXXVIII, 2 [1899] p. 41). — Tab. nostr. VIII.

Frutex 3 m. altus ; ramis sparse pubescentibus demum glabris, flexuosis ; foliis petiolatis, ovatis vel oblongo-ovatis, apice acuminatis, basi plus minus angustatis, sinuato-dentatis, glabris, 6-16 cm. longis et 2,5-6 cm. latis, nervis primariis subtus valde prominentibus et versus marginem cum nervis secundariis arcuatim anastomosantibus, petiolo circ. 1 cm. longo ; floribus axillaribus vel in paniculam dispositis, pedicellatis, pedicello 2-3 cm. longo, basi bracteato, bracteis minimis, rufis, velutinis, bracteolis floriferis ovatis, longe acuminatis, extus glabris, intus glabris sed ad apicem velutinis, circ. 3 cm. longis et 14 mm. latis ; calyce irregulariter et profunde lobato, circ. 1 cm. longo ; corolla infundibuliformi fauce sensim ampliata, tubo intus annulo piloso instructo, extus leviter piloso ; corolla circ. 8 cm. longa et ad apicem circ. 5 cm. lata, violacea, fauce et tubo intus luteo ; staminibus didynamis, antheris apice acuminatis, loculis inaequalibus, basi globuloso-rotundatis, pilis rigidis aspersis, staminibus circ. 17 mm. longis, antheris circ. 4,5 mm. longis ; ovario conico, biloculari, disco crasso, stylo circ. 3,5 cm. longo. Fructibus (maturis?) longe conicis, circ. 3,5 cm. longis et basi circ. 12 mm. latis, stigmate inaequaliter bilobo, infundibuliformi, lobis lobulatis.

Terrains humides dans la forêt, 450 m. Bobi près Ngali. 2 septembre 1896. — Arbrisseau de 3 m. de haut, à branches retombantes. Fleurs violacées, à tube et gorge jaunes intérieurement. (Herb. Fr. Thonner n. 34).

Obs. — Cette jolie plante, atteignant 3 m. de hauteur, dont les branches retombantes sont couvertes de fleurs violacées à cœur jaune, semble appartenir à la section *Pseudohexacentris* Lindau. Dans cette section il n'existe qu'une seule espèce qui nous paraît très voisine, c'est le *T. Vogeliana* Benth., figuré dans le Bot. Mag. tab. 5389, sous le nom de *Meyenia Vogeliana* Hook. Mais les analyses données dans cette planche ne concordent pas en tous points avec les indications fournies par M. Lindau dans le Beiblatt 41 du Engl. Bot. Jahrb. (1893) p. 33. M. Lindau décrit le stigmate comme formant au sommet un entonnoir triangulaire, ce qui n'est pas le cas dans la figure du Bot. Mag., ni pour notre échantillon. Nous avons soumis notre plante à M. Lindau, un des spécialistes les plus autorisés pour la famille des Acanthacées, en lui signalant cette discordance, et malgré cela il n'a pas hésité à considérer la plante que nous avions dénommé *T. Thonneri* comme une deuxième espèce de la section *Pseudohexacentris*.

Nous serions tentés de réunir notre plante au *T. Vogeliana* Benth., tel qu'il est figuré dans le Bot. Mag. tab. 5389, mais vu la divergence des opinions entre M. Lindau et Sir W. Hooker nous avons préféré considérer momentanément la plante récoltée par M. Fr. Thonner comme constituant une espèce nouvelle.

NELSONIA *R. Br.* Prodr. fl. N. Holl. (1810) p. 480.

Nelsonia brunelloides *(Lam.) O. Kuntze* Rev. gen. II (1891) p. 493.

Justicia — *Lam.* Tabl. encyc. I (1791) p. 40.
Nelsonia campestris *R. Br.* Prodr. fl. N. Holl. (1810) p. 481; *Th. Dur.* et *Schinz* Étud. fl. Congo I p. 216.

Colline, village, 400 m. Bogolo près Businga, 21 octobre 1896. — Herbe rampante. Feuilles herbacées. Fleurs pourpres. (Herb. Fr. Thonner n. 110).

Distrib. : **Asie; Afrique; Amérique trop.; Australie trop.**

ASTERACANTHA *Nees* in *Wall.* Pl. Asiat. rar. III (1832)
p. 75.

Asteracantha Lindaviana *De Wild.* et *Th. Dur.* in *Th. Dur.* et *De Wild.* Mat. fl. Congo IV p. 23 (Bull. Soc. roy. de Bot. de Belg. XXXVIII, 2 [1899] p. 100). — Tab. nostr. V.

Herba 0,50 m. alta, plus minus hirsuta; ramulis quadrangularibus, foliis primariis lanceolatis, pilosis, 8-17 cm. longis et 1,5-2,5 latis; apice attenuatis, acutis, sessilibus, basi plus minus angustatis, auriculatis, auriculis circ. 1 cm. longis, plus minus divergentibus, foliis secundariis minoribus, in petiolum longum attenuatis; floribus albis vel pallide violaceis, axillaribus, verticillatis, verticillis multifloris,

circ. 4 cm. latis, bracteolatis, bracteis lanceolatis, acuminatis, ciliatis, hispidis, spinis simplicibus, subulatis, rectis, minoribus, circ.
12 mm. longis et haud numerosis, bracteas paulo vel non superantibus; calyce 4-sepalo, sepalis anterioribus circ. 2 cm. longis, apice
bidentatis, crenatis, crenatura circ. 2 mm. longa, posterioribus longioribus et latioribus, circ. 2,5 cm. longis et circ. 3 mm. latis, corolla
alba, circ. 2,5 cm. longa, profunde bilabiata, labio superiore bifido,
inferiore trifido, tubo circ. 15 mm. longo et 2 mm. lato, staminibus
4, exsertis, didynamis, antheris bilocularibus, circ. 2,5 mm. longis,
ovario elliptico, stylo elongato, stigmate simplici; capsula biloculari
elliptico-lanceolata, compressa, elongata, circ. 12 mm. longa, octo-
sperma vel decasperma, seminibus ellipticis, circ. 3 mm. longis;
granulis pollinis 4-poris, striatis, reticulatis.

Colline, village, 400 m. Evamkoyo près Businga, 21 et 22 octobre
1896. — Herbe dressée de 0,50 m. environ de haut. Feuilles herbacées. Fleurs blanches ou d'un violet pâle. (Herb. Fr. Thonner n. 111
et 112).

Obs. — A première vue cette plante ressemble très fortement à l'*A. longifolia* (L.) Nees, mais ce qui frappe lorsqu'on l'examine d'un peu plus près,
c'est l'absence presque complète de ces épines qui donnent à l'espèce de Nees
un aspect si caractéristique. Pour trouver les épines dans notre espèce il faut
séparer en leurs éléments les verticilles floraux et alors on n'en trouve encore
que fort peu.

Nous avions dans l'étude de cette plante commencé par l'analyse du pollen
et immédiatement nous avons vu que nous nous trouvions en présence d'une
plante qui devait être écartée de l'*A. longifolia*, en effet au lieu de présenter
un pollen plus ou moins globuleux à 3 pores et à sillons peu nombreux nous
nous trouvions en présence d'un pollen aplati à 4 pores présentant entre eux
des sillons nombreux, environ une vingtaine par grain et offrant une sculp-
ture réticulée sur les raies. Ne trouvant pas dans les études de M. le Dr Lindau le signalement d'un tel pollen, qui ne pouvait cependant appartenir qu'à
une plante de la subdivision des *Hygrophilees*, nous avons soumis au mono-
graphe allemand le pollen de notre plante afin de lui demander son avis sur la
place à lui faire prendre dans la classification. La réponse de M. Lindau a
corroboré en tous points notre observation, le type de pollen était bien nouveau, mais la plante ne devait pas moins appartenir au groupe des *Hygro-
philae*. Toutefois, nous disait M. Lindau, si d'autres caractères viennent
s'ajouter, l'on pourrait considérer la plante en question comme le type d'un
genre nouveau. Malheureusement nous ne pouvons trouver, dans les deux
échantillons que nous a fournis M. Fr. Thonner, de caractères morphologiques suffisants pour séparer génériquement l'*A. Lindaviana*. Les deux genres
Hygrophila et *Asteracantha*, diffèrent presque uniquement par la présence
ou l'absence d'épines; notre plante possédant quelques épines il est donc tout
naturel que nous la rapportions au genre *Asteracantha*. La structure du grain
de pollen différencie donc nettement l'*A. Lindaviana*, mais les caractères
morphologiques externes sur lesquels nous pouvons nous baser pour le séparer de l'*A. longifolia* sont moins nets, nous n'avons vu, il est vrai dans aucun
des exemplaires de cette dernière espèce de feuilles munies d'oreillettes et
tous possédaient des épines longues et fortes, égalant ou dépassant les bractées des verticilles floraux, ces caractères pourraient donc suffire, mais si l'on
tient compte des diverses espèces rapportées en synonymes à l'*A. longifolia*

on trouve le *Barleria auriculata* Schum. (Beskr. Guin. Pl. p. 285), qui possède des feuilles plus ou moins dilatées et auriculées à la base, mais aussi des épines plus fortes, cette plante représenterait peut-être, d'après Nees (cf. DC. Prodr. XI p. 248), une variété africaine de l'*A. longifolia.*

Nous avons cru bon d'attirer longuement l'attention sur cette plante dont le pollen est si particulier, afin de stimuler les recherches sur les diverses formes de l'*A. longifolia.*

LANKESTERIA *Lindl.* Bot. Reg. (1845) misc. p. 86.

Lankesteria Barteri *Hook.* Bot. Mag. tab. 5533 (1865).

Plaine humide, forêt, 450 m. Bobi près Ngali, 2 septembre 1896. — Arbrisseau. Fleurs d'un jaune orange. (Herb. Fr. Thonner n. 38).

DISTRIB. : **Afrique trop. occ.**

CROSSANDRA *Salisb.* Parad. Lond. (1806) 12.

Crossandra guineensis *Nees* in *DC.* Prodr. regn. veget. XI (1845) p. 201.

Plaine humide, forêt. 450 m. Ngali, 31 août 1896. — Fleurs blanches ou d'un blanc violacé, gorge blanche, une tache foncée sur un pétale. (Herb. Fr. Thonner, n. 32).

Plaine humide, forêt, 450 m. Ngali, 20 septembre 1896. — Herbe de 20 cm. environ de haut. Feuilles herbacées. Fleurs d'un violet pâle. (Herb. Fr. Thonner n. 94).

DISTRIB. : **Afrique trop.**

ASYSTASIA *Blume* Bydr. (1826) p. 796.

Asystasia gangetica *(L.) T. Andr.* in *Thwaites* Enum. pl. Zeyl. (1864) p. 235.

Asystasia coromandelina *Nees* in *Wall.* Pl. Asiat. rarior. III (1832) p. 89; *Th. Dur.* et *Schinz* Étud. fl. Congo I p. 219.

Colline, forêt, 400 m. Upoto, 23 août 1896. — Herbe dressée. Fleurs blanches, munies d'une tache violette. (Herb. Fr. Thonner n. 3).

DISTRIB. : **Égypte, Afrique trop.; Madagascar; Seychelles; Asie trop.**

PSEUDERANTHEMUM *Radlk.* in Sitzb. Berl. Acad. (1883) p. 232.

Pseuderanthemum Ludovicianum *(Buettn.) Lindau* in *Engl.* et *Prantl* Natürl. Pflanzenfam. IV, 3 b (1895) p. 330; *Th. Dur.* et *Schinz* Étud. fl. Congo I p. 220; *De Wild.* et *Th. Dur.* Illustr. fl.

Congo I p. 65 pl. XXXIII (Ann. Mus. Congo. Bot. sér. I, 1 [189)]
XXXIII).

Eranthemum Ludovicianum *Buettn.* in Verhandl. Bot. Ver. Prov.
Brandenb. XXXII (1890) p. 37.

Plaine humide, plantations, 450 m. Bolombo près Ngali, 21 septembre 1896. — Sous-arbrisseau de 1 m. de haut. Feuilles coriaces,
d'un vert clair. Corolle blanche, ponctuée de violet, lèvre jaunâtre.
(Herb. Fr. Thonner n. 97).

DISTRIB. : **Congo.**

COINOCHLAMYS *T. Anders.* ex *Benth.* et *Hook. f.* Gen.
pl. II (1876) p. 1091.

Coinochlamys congolana *Gilg* in *Engl.* Bot. Jahrb. XXIII (1896)
p. 197; *Th. Dur.* et *De Wild.* Mat. fl. Congo II p. 78 (Bull. Soc.
roy. de Bot. de Belg. XXXVII, 1 [1898] p. 123).

Colline, buissons, 450 m. Upoto, 23 août 1896. — Arbrisseau
de 1 m. de haut. Fleurs blanches. (Herb Fr. Thonner n. 5).

DISTRIB. : **Bassin du Congo.**

RUBIACEAE

OLDENLANDIA *L.* Gen. ed. 1 (1737) p. 362.

Oldenlandia lancifolia *(Schumach.* et *Thonn.) Schweinf.* et
Hiern in *Oliv.* Fl. trop. Afr. III (1877) p. 61; *Th. Dur.* et *Schinz*
Étud. fl. Congo I p. 155.

Hedyotis — *Schumach.* et *Thonn.* Beskr. Guin. Pl. (1827) p. 72.

Bords d'un ruisseau, forêt, 450 m. Ngali, 28 août 1896. — Herbe.
Feuilles herbacées. Fleurs blanches. (Herb. Fr. Thonner n. 25).

DISTRIB. : **Guinée, Bas-Niger, Congo, région de Madi.**

MUSSAENDA *Burm.* ex *L.* Diss. Dass. (1747) p. 10.

Mussaenda elegans *Schumach.* et *Thonn.* Beskr. Guin. Pl. (1827)
p. 117; *Hiern* in *Oliv.* Fl. trop. Afr. III p. 70; *Th. Dur.* et
Schinz Étud. fl. Congo I p. 156; *Th. Dur.* et *De Wild.* Mat. fl.
Congo II p. 73 (Bull. Soc. roy. de Bot. de Belg. XXXVII, 1
[1898] p. 118).

Mussaenda discolor *Thonn.* ex *DC.* Prodr. regn. veget. III (1830) p. 372.

Collines, buissons, 450 m. Bokapo près Ngali, 5 septembre 1896.

— Arbrisseau de 1,5 m. Feuilles herbacées. Fleurs d'un rouge écarlate, à gorge jaune. (Herb. Fr. Thonner n. 59).

DISTRIB. : **Haute-Guinée, Angola, Congo.**

Mussaenda stenocarpa *Hiern* in *Oliv.* Fl. trop. Afr. III (1877) p. 68; *Th. Dur.* et *Schinz* Étud. fl. Congo I p. 157.

— — var. **latifolia** *De Wild.* et *Th. Dur.* nov. var.

Frutex ramis lenticellatis, breviter pilosis; foliis ovato ellipticis, acuminatis, acutis, basi cuneatis vel rotundatis, 16-21 cm. longis et 7-13 cm. latis, petiolatis, petiolo 1,5-6 cm. longo, supra glabris, plus minus lucidis, infra imprimis ad nervos tomentosis, nervis primariis utrinque circ. 8-10, supra non, subtus paulo prominentibus, stipulis bicuspidatis, circ. 7 mm. longis et basi circ. 5 mm. latis; floribus corymbosis, cymosis, plus minus trichotomis, circ. 3,5 cm. longis, breviter pedunculatis, calyce breviter piloso, circ. 6 mm. longo, lobis liberis subulatis, circ. 2 mm. longis, uno interdum in folium petiolatum amplum, ovato-rotundatum, pallide luteum producto, corollae tubo elongato, apice incrassato, extus breviter velutino, 2,5-3 cm. longo et basi 1 mm. lato, apice circ. 2,5 mm. lato, ore piloso, lobis ovatis, apiculatis, luteis, circ. 6 mm. longis et 4 mm. latis; fructibus oblongis, 10-sulcatis, 2,5 cm. longis et 5 mm. circ. latis.

Plaine humide, lisière de forêt, 450 m. Bobi près Ngali, 2 septembre 1896. — Arbrisseau. Feuilles herbacées. Fleurs jaunes. Lobe foliacé du calice d'un jaune pâle. (Herb. Fr. Thonner n. 35).

OBS. — Nous avons décrit sous le nom de var. *latifolia* la plante récoltée par M. Fr. Thonner, parce que les feuilles sont plus développées que dans le *M. stenocarpa* type tel qu'il a été décrit par M. Hiern dans la Fl. trop. Afr. III p. 68. Mais la grandeur des feuilles, très variables dans leur forme, arrondies ou en coin à la base, n'est pas le seul caractère qui permette de séparer la variété du type, le nombre des nervures latérales et la longueur du fruit peuvent encore servir à différencier le *M. stenocarpa* Hiern et sa variété *latifolia*. Nous ferons cependant remarquer que les mensurations fournies par la Fl. trop. Afr. (loc. cit. p. 68) ne cadrent pas exactement avec celles que nous avons obtenues nous-mêmes en étudiant les échantillons de *M. stenocarpa* récoltés au Congo par M. le Prof. Ém. Laurent et par Alfr. Dewèvre; dans ces divers échantillons les feuilles atteignaient souvent 6 cm. de diam. et le fruit pouvait atteindre 2,5 cm. de long comme dans notre variété. Il semble donc que la plante observée par M. Fr. Thonner ne soit qu'une variété macrophylle se reliant au type par des intermédiaires.

HEINSIA *DC.* Prodr. regn. veget. IV (1830) p. 390.

Heinsia pulchella *(G. Don) K. Schum.* in *Engl.* et *Prantl* Natürl. Pflanzenfam. IV, 4 (1891) p. 84; *Th. Dur.* et *De Wild.*

Mat. fl. Congo II p. 73 (Bull. Soc. roy. de Bot. de Belg. XXXVII, 1 [1898] p. 118).

Gardenia pulchella *G. Don* in Edinb. Phil. Journ. XI (1824) p. 343.
Heinsia jasminiflora *DC.* Prodr. regn. veget. IV (1830) p. 390; *Hiern* in *Oliv.* Fl. trop. Afr. III p. 81; *Th. Dur.* et *Schinz* Étud. fl. Congo I p. 168.

Plaine humide, broussailles, 400 m. Bokumbi près Ndobo, 9 septembre 1896. — Arbrisseau de 2 m. de haut. Feuilles herbacées, fleurs blanches. (Herb. Fr. Thonner n. 71).

Distrib. : **Guinée supérieure et inférieure, Zambèse, Congo.**

BERTIERA *Aubl.* Pl. Guian. I (1775) p. 180 t. 69.

Bertiera Thonneri *De Wild.* et *Th. Dur.* nov. sp. — Tab. nostr. XIII.

Frutex circ. 2 m. altus, ramis teretibus, juvenibus pilosis, pilis brunneis, appressis, demum subglabris, foliis coriaceis, ovato-oblongis, acutis, basi plus minus cordatis, superioribus interdum basi cuneatis, supra viridibus, glabris, plus minus lucidis, infra pallidioribus, pilosis, eximie ad nervos, breviter petiolatis, petiolo piloso, 15-23 cm. longis et 6-10 cm. latis, nervis secondariis utrinque circ. 12, versus marginem arcuatim anastomosantibus, supra non subtus prominentibus et cum venulis laxe reticulatis anastomosantibus, stipulis basi connatis, ovato-lanceolatis, acutis, 12-20 mm. longis, carenatis, carena pilosa; inflorescentiis thyrsoideis, pedunculatis, pedunculo velutino, 7 cm. circ. longis demum accrescentibus et 10 cm. attingentibus; floribus albidis, plus minus fasciculatis, subsessilibus, calyce hemispherico, limbo breviter 5 dentato, circ. 2 mm. longo et 1,5 mm. lato, velutino, pilis appressis, tubo corollae 10-11 mm. longo, basi circ. 1,2 mm. lato et versus apicem abrupte ampliato et circ. 3 mm. lato, extus pubescente, pilis appressis, limbo circ. 2 mm longo, 5 lobato, lobis brevibus, ovato-acutis, extus in medio pubescentibus, intus subglabris, antheris breviter stipitatis vel subsessilibus, basi sagittatis, inclusis, stylo incluso, apice clavato; fructibus bacciformibus, globosis, breviter pedicellatis, 8-13 mm. latis, viridibus, bilocularibus, calyce coronatis, seminibus subtriangularibus, compressis, rugulosis.

Pente douce, sablonneuse, forêt, 450 m. Ngali, 27 août 1896. — Arbrisseau de 2 m environ de haut. Feuilles coriaces. Fleurs blanches. Baies vertes. (Herb. Fr. Thonner n. 19).

Obs. — Le *B. Thonneri* vient se ranger dans le voisinage immédiat du *B. macrocarpa* Benth. (in Hook. Niger Fl. p. 394, cf. Hiern in Oliv. Fl. trop. Afr. III p. 84). Il se distingue de cette espèce par la plus grande longueur et par la pilosité plus forte du tube de la corolle, par les lobes plus étroits et plus aigus, et par la partie supérieure du tube moins brusquement renflée. En outre les fascicules floraux sont sessiles ou subsessiles, jamais leur pédoncule commun n'atteint 2 et 3 mm. comme chez le *B. macrocarpa*, les feuilles sont aussi plus fortement velues sur la face inférieure et leurs nervures sont moins nettement anastomosées en arc.

La villosité hispide, qui couvre chez le *B. africana* A. Rich. les tiges et les feuilles sur leur face inférieure, fait écarter cette espèce dont les fleurs possèdent d'ailleurs un tube beaucoup plus court et glabre extérieurement.

Comme on le voit le *B. Thonneri* partage certains caractères des *B. africana* et *macrocarpa*, les caractères tirés de la longueur, de la villosité du tube de la corolle, ainsi que de la forme des lobes permettront de séparer facilement ces trois plantes.

Nous tenons à remercier M. le Dr Stapf qui a bien voulu nous envoyer des croquis des fleurs des échantillons autenthiques des *B. africana* et *macrocarpa* conservés dans l'Herbier du Muséum de Kew, grâce à ces dessins il nous a été possible de saisir nettement les caractères différentiels de ces trois plantes.

IXORA *L.* Syst. ed. 1 (1735) et Gen. pl. ed. 1 (1737) p. 27.

Ixora odorata *Hook. f.* in Bot. Mag. (1845) tab. 4191; *Oliv.* Fl. trop. Afr. III p. 163.

Bord d'une rivière, forêt, 400 m. Bogolo près Businga, 20 octobre 1896. – Arbrisseau, de 3 m. de haut. Feuilles coriaces. Fleurs blanches odorantes. (Herb. Fr. Thonner n. 107).

Distrib. : **Mozambique, Congo; Madagascar.**

GEOPHILA *D. Don* Prodr. Fl. trop. (1825) p. 136.

Geophila obvallata *(Schum.) F. Didr.* in Kjöb. Vidensk. Meddel. (1854) p. 186; *Hiern* in *Oliv.* Fl. trop. Afr. III p. 222.

Psychotria — *Schum.* Beskr. Guin. Pl. (1827) p. 111.

Pente douce, sablonneuse, forêt, 450 m. Ngali, 28 août 1896. — Herbe rampante. Feuilles coriaces, vertes à la face inférieure. Fleurs blanches. Fruits noirs. (Herb. Fr. Thonner n. 28).

Distrib. : **Guinée supérieure.**

Geophila renaris *De Wild.* et *Th. Dur.* Contrib. fl. Congo I p. 29. (Ann. Mus. Congo. Bot. sér. II, 1 [1899] p. 29). — Tab. nostr. II.

Caule repente, puberuloso, brunneo; foliis renaribus, subpeltatis, 2-4,5 cm. latis et 1,5-2 cm. longis, margine integris, supra glabris, subtus rubris et ad venas prominentes puberulosis, coriaceis, longe petiolatis; petiolo 1,2-6 cm. longo omnino puberuloso, brunneo; stipulis late cordatis, integris, squamosis; floribus ad apicem pedunculi communis lateralibus, pedunculo 2-3 cm. longo; floribus 3-6, sessili-

bus, bracteatis; bracteis ovato-lanceolatis, 9 mm. circ. longis, integris
vel plus minus profunde lobatis, imbricatis, velutinis, floribus subaequilongis, quasi involucrum hemisphaericum formantibus; calyce
tubuloso, breviter 5-lobulato, lobis brevissimis acutis, inaequalibus
persistentibus; corolla alba, apice rosea; ovario biloculari, stylo basi
inflato, apice patelliformi. Fructibus ellipticis, cyaneis, bilocularibus,
loculis monospermis, seminibus ellipticis, compressis.

Pente douce, sablonneuse, forêt, 450 m. Ngali, 27 août 1896. —
Herbe rampante. Feuilles coriaces, rouges sur la face inférieure.
Fleurs blanches, rosées au sommet sur la face extérieure. Fruits
bleus. (Herb. Fr. Thonner n. 17).

Obs. — Cette espèce très curieuse par la forme de ses feuilles et surtout par
la couleur de leur face inférieure se rapproche assez des *Geophila* dont les
fleurs, entourées de larges bractées, semblent enfermées dans un involucre
hémisphérique ou en forme de coupe ; mais dans le *G. renaris*, par suite de la
laciniure des bractées entourant les fleurs sessiles, celles-ci ne paraissent pas
plongées dans un involucre aussi continu que dans les *G. Afzelii* Hiern,
obvallata F. Diedr., *involucrata* Schweinf., *Aschersoniana* Büttner et
ioides K. Schum.

Les caractères exposés dans la description suffisent pour séparer cette
espèce de celles que nous venons de rappeler et pour la distinguer des *G. reni-
formis* D. Don et *G. hirsuta* Benth., dont elle semble se rapprocher par certains caractères. Le *G. renaris* forme pour ainsi dire une transition entre
les espèces typiques de la section *Involucratae* et les autres espèces du
genre.

URAGOGA *L*. Gen. pl. ed. 1 (1737) p. 378.

Uragoga Thonneri *De Wild. et Th. Dur.* nov. sp. — Tab.
nostr. IX.

Frutex 1 m. circ. altus ramis glabris; foliis late ellipticis, acutis,
basi rotundato-cuneatis, petiolatis, petiolo 1 cm. circ. longo, 12-15
cm. longis et 5-9 cm. latis, supra glabris, plus minus lucidis, infra ad
nervos minute tomentosis, nervis primariis utrinque 16-20, supra et
infra paulo prominentibus, 3-4 mm. ante marginem arcuatim et
cum venulis reticulatis anastomosantibus, stipulis integris, ovatis,
acutis, demum apice saepe fissis, circ. 15 mm. longis et 10-12 mm.
latis extus glabris, inflorescentiis capitulatis, axillaribus, circ. 25 mm.
latis, floribus albis, pentameris, subsessilibus, numerosissimis, approximatis, bracteis involucralibus circumdatis, capitulis petiolatis,
petiolo 10-15 mm. longo, calyce usque ad medium 5-lobato, lobis
acutis margine longe pilosis, persistentibus, extus glabris, deinde
margine minute alatis, corollae tubo elongato lobos calycis longe
superante, extus puberuloso, tubo circ. 12 mm. longo, lobis reflexis,
ovato-acutis, circ. 2,5 mm. longis et 1 mm. circ. latis, antheris bilocularibus, breviter pedicellatis, exsertis; ovario biloculari, loculis unisper-

mis, fructibus ellipticis, 10 striatis, calyce coronatis, circ. 4 mm. longis (sine calyce) et 3 mm. latis, monospermis, seminibus ellipticis compressis, striatis.

Pente douce, forêt, 450 m. Bobi près Ngali, 2 septembre 1896. — Arbrisseau de 1 m. environ de haut. Fleurs blanches. (Herb. Fr. Thonner n. 44).

Obs. — Le genre *Uragoga* créé par Linné, n'est pas admis par certains auteurs qui préfèrent employer la dénomination de *Cephaëlis*. Nous ne voulons pas entrer ici dans des discussions relatives aux questions de priorité mais nous avons préféré adopter le nom générique *Uragoga*, comme l'a fait M. le prof. K. Schumann dans les Pflanzenfamilien de Engler et Prantl.

Les matériaux que nous a rapportés M. Fr. Thonner ne sont malheureusement pas très bien conservés, c'est ce qui fait que nous avons hésité longtemps à classer cette plante que nous avons d'abord rapprochée de l'*U. peduncularis*. Si l'on examine les diverses figures de notre planche on sera probablement frappé de ce fait que dans la description de notre plante nous disons tube de la corolle allongé, alors que figure 5 pl. IX montre un tube plus court que les lobes du calice, il faut bien se pénétrer de cette circonstance que la figure en question ne représente qu'un bouton. Il n'y avait sur les deux échantillons rapportés par M. Fr. Thonner que des fragments de fleurs en mauvais état, l'*Uragoga Thonneri* est une des plantes de l'envoi qui a le plus souffert.

Par les caractères tirés de l'ovaire, de la longueur de la corolle, de la disposition des fleurs en capitules solitaires, notre plante se rapproche des *U. peduncularis* (Salisb.) K. Schum. et *suaveolens* (Schweinf.) K. Schum. L'*U. Thonneri* diffère de cette dernière espèce par la longueur relativement très courte du pédoncule du capitule floral, par le nombre de sillons du fruit.

Quant à l'*U. peduncularis* les auteurs ne sont eux-même pas d'accord sur les caractères à attribuer à cette espèce, c'est ainsi que le pédoncule du capitule floral pourrait varier de 12 mm. à 14 cm. mais il semble qu'en général la longueur varie entre 10 et 14 cm. En outre chez le type de cette espèce les sépales ne seraient pas très étroits, mais ciliés sur les bords, tandis que chez le *Cephaelis coriacea* G. Don, que M. Hiern considère comme synonyme de l'*U. peduncularis* (Cf. Hiern in Oliv. Fl. trop. Afr. III p. 224 in obs.) les dents calicinales seraient très étroites et glabres.

Cette divergence d'opinions nous a poussés à faire des échantillons récoltés à Bobi une espèce nouvelle dont nous avons été heureux de pouvoir faire figurer quelques caractères. L'avenir nous apprendra si cette espèce doit être conservée où s'il faut la comprendre dans les variations de l'*U. peduncularis*.

DIODIA *Gronov.* in *L.* Cor. Gen. 11 (1737).

Diodia serrulata *(P. Beauv.) K. Schum.* ms. in Herb. Brux.

Spermacoce — *P. Beauv.* Fl. d'Oware (1807) p. 39 tab. 23.
Diodia breviseta *Benth.* in *Hook.* Niger Fl. (1849) p. 424; *Hiern* in *Oliv.* Fl. trop. Afr. III (1877) p. 231; *Th. Dur.* et *Schinz* Étud. fl. Congo I p. 166; *Th. Dur.* et *De Wild.* Mat. fl. Congo II p. 76 (Bull. Soc. roy. de Bot. de Belg. XXXVII, 1 [1898] p. 121).

Bords d'un ruisseau, forêt, clairière, 450 m. Bobi près Ngali,

3 septembre 1896. — Sous-arbrisseau de 50 cm de haut. Feuilles herbacées. Fleurs rose pâle. (Herb. Fr. Thonner n. 56).

Colline, buissons, 400 m. Boyangi près Ndobo, 7 septembre 1896. — Sous-arbrisseau de 1 m. environ de haut. Feuilles herbacées. Fleurs blanches. (Herb. Fr. Thonner n. 66).

Distrib. : **Afrique trop.; Amérique trop.**

CUCURBITACEAE

MOMORDICA *(Tourn.) L.* Syst. ed. 1 (1735) et Gen pl. ed. 1 (1737) p. 296.

Momordica Charantia *L.* Sp. pl. ed. 2 (1763) p. 1433; *Th. Dur.* et *Schinz* Étud. fl. Congo I p. 143.

— — var. **abbreviata** *Seringe* in *DC.* Prodr. regn. veget. III (1828) p. 311; *Cogn.* in *DC.* Monog. phan. III p. 437; *Th. Dur.* et *Schinz* Étud. fl. Congo. I p. 113; *Th. Dur.* et *De Wild.* Mat. fl. Congo II p. 71 (Bull. Soc. roy. de Bot. de Belg. XXXVII, 1 [1898] p. 116).

Momordica anthelmintica *Schumach.* et *Thonn.* Beskr. Guin. Pl. (1827) p. 423.

Plaine humide, plantations, 450 m. Bobi près Ngali, 2 septembre 1896. — Tige grimpante. Fleurs jaunes. Fruits jaunes, graines entourées d'un arille rouge. (Herb. Fr. Thonner n. 42).

Distrib. : **Afrique trop.; Indes or. et occ.; Amérique centr. et mérid.**

COMPOSITACEAE

ASPILIA *Thouars* Gen. nov. Madag. (1806) p. 12.

Aspilia latifolia *Oliv.* et *Hiern* in *Oliv.* Fl. trop. Afr. III (1877) p. 379.

Plaine humide, buissons, 450 m. Bobi près Ngali. 2 septembre 1896. — Plante herbacée grimpante. Feuilles herbacées. Fleurs orangées. (Herb. Fr. Thonner n. 36).

Distrib. : **Guinée supérieure, pays des Djur et des Niam-Niam.**

GYNURA *Cass.* in Dict. sc. nat. XXXIV (1825) p. 391.

Gynura crepidioides *Benth.* in *Hook.* Niger Fl. (1849) p. 438;

Oliv. et *Hiern* in *Oliv.* Fl. trop. Afr. III p. 403; *Th. Dur.* et *Schinz* Étud. fl. Congo I p. 183.

Colline, plantations, 400 m. Evamkoyo près Businga, 22 octobre 1896. — Herbe dressée de 0,50 m. de haut. Feuilles herbacées. Fleurs jaunes à la base, rouges au sommet. (Herb. Fr. Thonner n. 114).

DISTRIB. : **De la Sénégambie au Zambèse; Iles Comores.**

ENHYDRA *Lour*. Fl. Cochinch. (1790) p. 510.

Enhydra fluctuans *Lour*. Fl. Cochinch. (1790) p. 510.

Cryphiospermum repens *Pal. Beauv.* Fl. d'Oware II (1807) p. 24 tab. 74.

Dans un ruisseau, 450 m. Bobi près Ngali, 2 septembre 1896. — Herbe. Fleurs d'un vert blanchâtre. (Herb. Fr. Thonner n. 39).

DISTRIB. : **Asie trop.; Afrique trop.**

.. .. -- - - --

PLANCHE I

EXPLICATION DES FIGURES.

Fig. 1 et 2. — Rameau avec fleurs et fruits et extrémité d'un
rameau feuillu.   1/1
Fig. 3. — Bouton, avec son pédoncule, détaché au niveau de l'articu-
lation.   5/1
Fig. 4. — Bouton dont les sépales ont été enlevés pour faire voir la
préfloraison des pétales.   5/1
Fig. 5. — Bouton en coupe longitudinale.   10/1
Fig. 6. — Fleur épanouie.   4/1
Fig. 7. — Un pétale isolé.   7/1
Fig. 8. — Androcée et gynécée; les étamines antérieures ont été
enlevées pour laisser voir l'ovaire surmonté du style.   15/1
Fig. 9. — Étamine isolée, au sommet les pores par lesquels s'échappe
le pollen.   15/1
Fig. 10. — Ovules.   15/1
Fig. 11. — Drupe à maturité.   5/1
Fig. 12. — Diagramme floral.

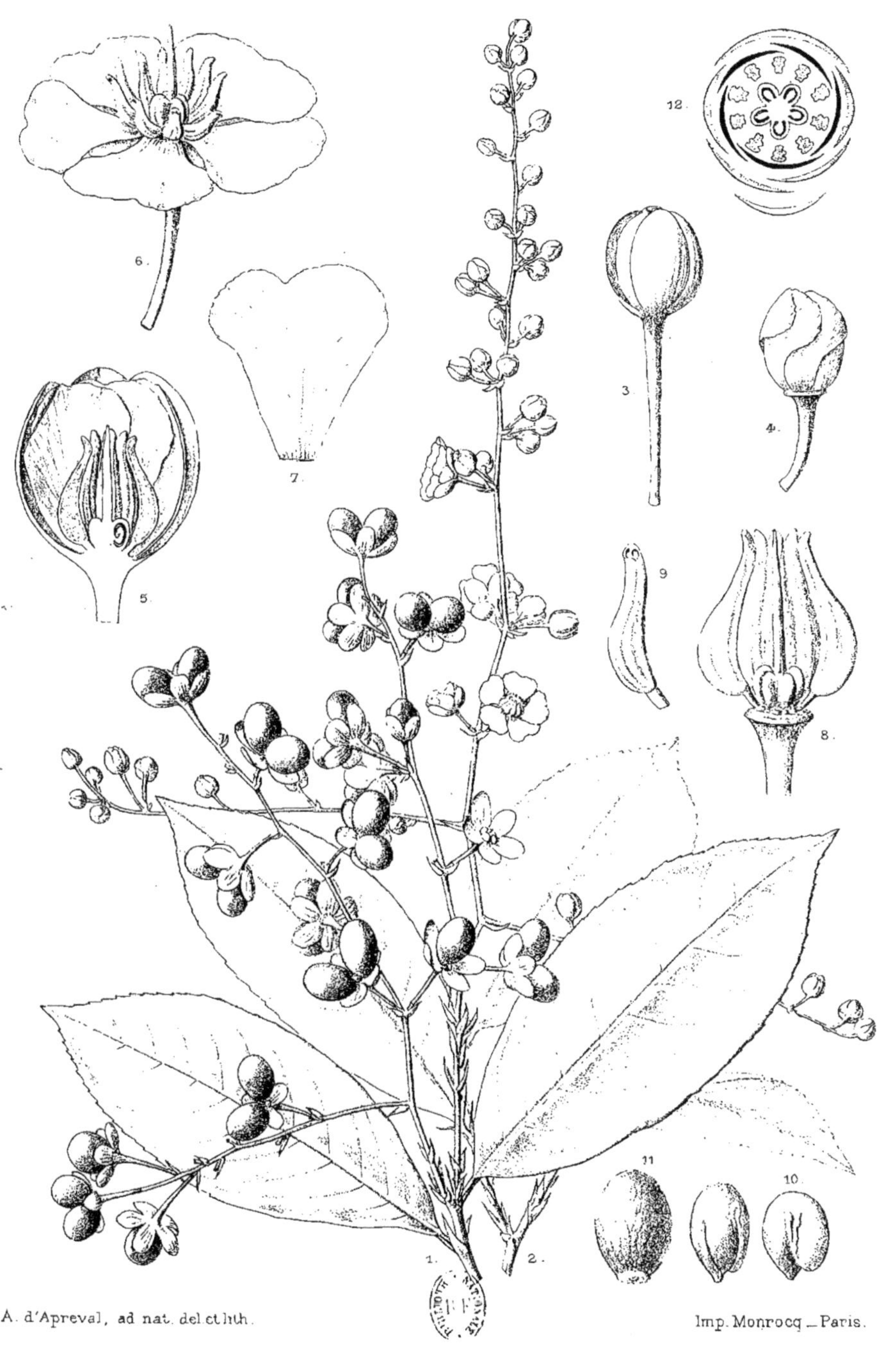

A. d'Apreval, ad nat. del. et lith.   Imp. Monrocq — Paris.

OURATEA LAXIFLORA De Wild. et Th. Dur.

PLANCHE II

GEOPHILA RENARIS *De Wild.* et *Th. Dur.*

PLANCHE II

EXPLICATION DES FIGURES.

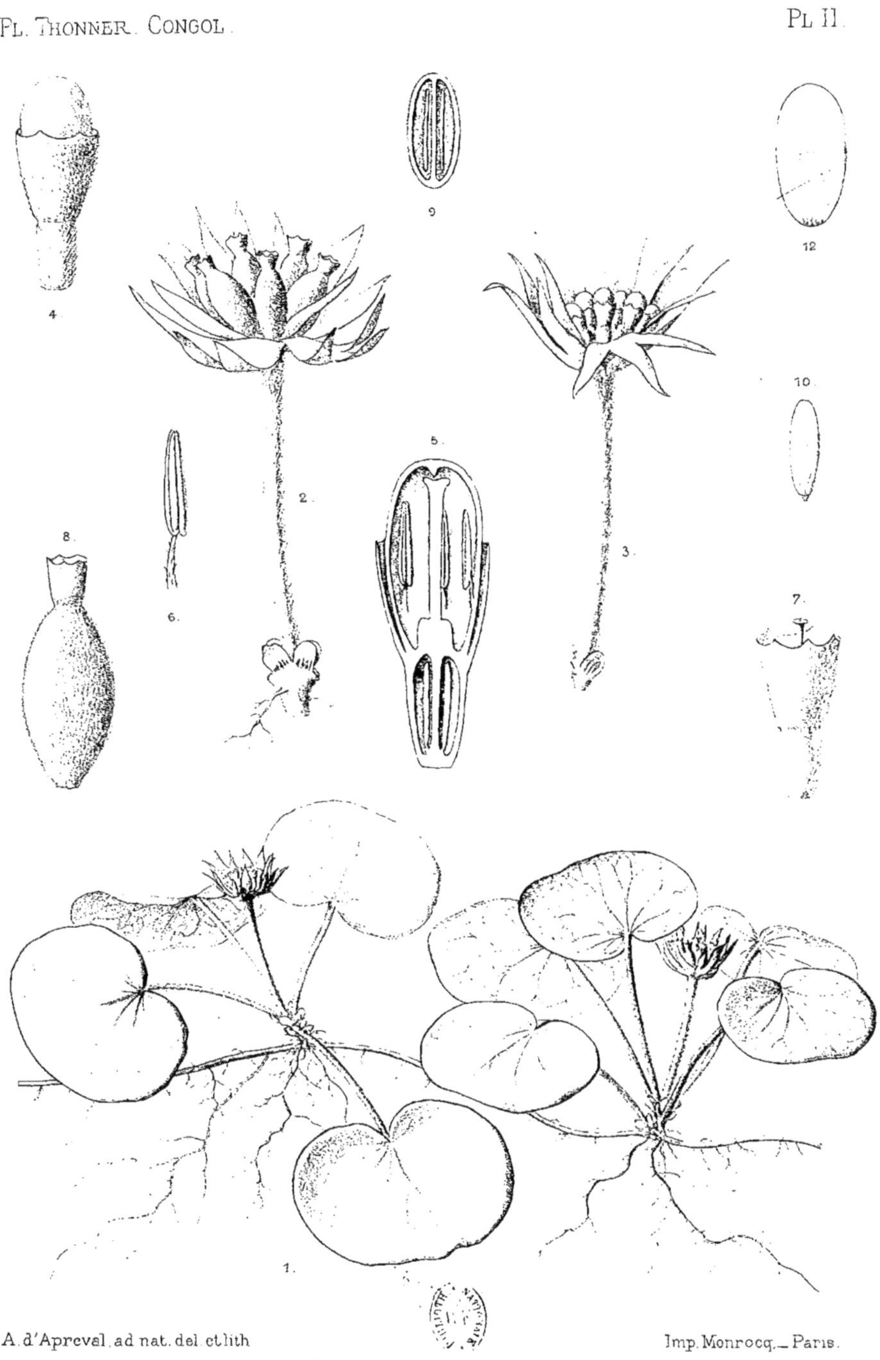

A. d'Apreval, ad nat. del. et lith.   Imp. Monrocq._Paris.

GEOPHILA RENARIS De Wild. et Th. Dur.

PLANCHE III

MONODORA THONNERI *De Wild.* et *Th. Dur.*

PLANCHE III

EXPLICATION DES FIGURES.

A. d'Apreval, ad nat. del.et lith.   Imp. Monrocq.—Paris.

MONODORA THONNERI DE WILD. et TH. DUR.

PLANCHE IV

LISTROSTACHYS THONNERIANA - *Kränzl*

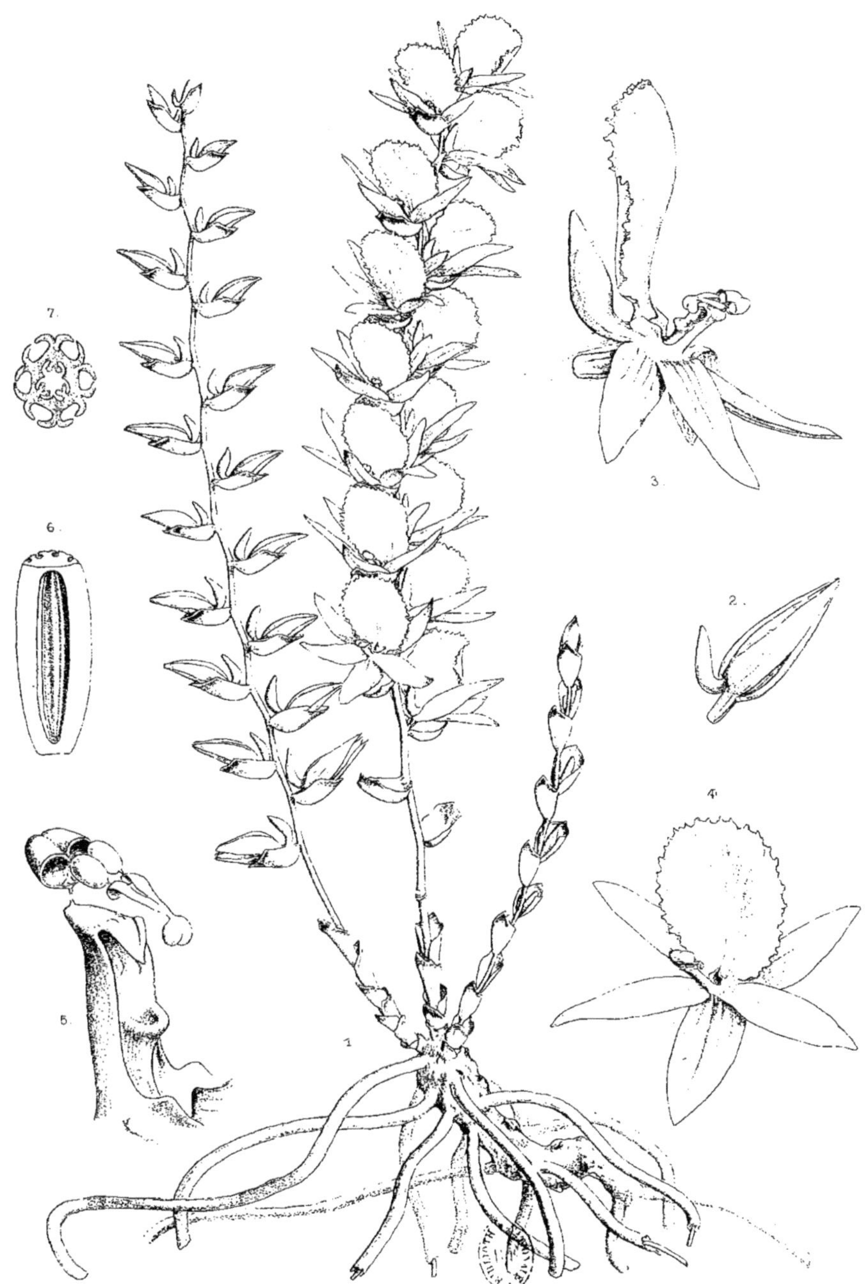

PL. THONNER. CONGOL.
PL. IV.
7.
6.
3.
2.
4.
5.
1.
A. d'Apreval, ad nat del et lith.
Imp. Monrocq _ Paris.
LISTROSTACHYS THONNERIANA Krzl.

PLANCHE V

ASTERACANTHA LINDAVIANA *De Wild.* et *Th. Dur.*

PLANCHE V

EXPLICATION DES FIGURES.

ASTERACANTHA LINDAVIANA De Wild. et Th. Dur.

PLANCHE VI

EXPLICATION DES FIGURES.

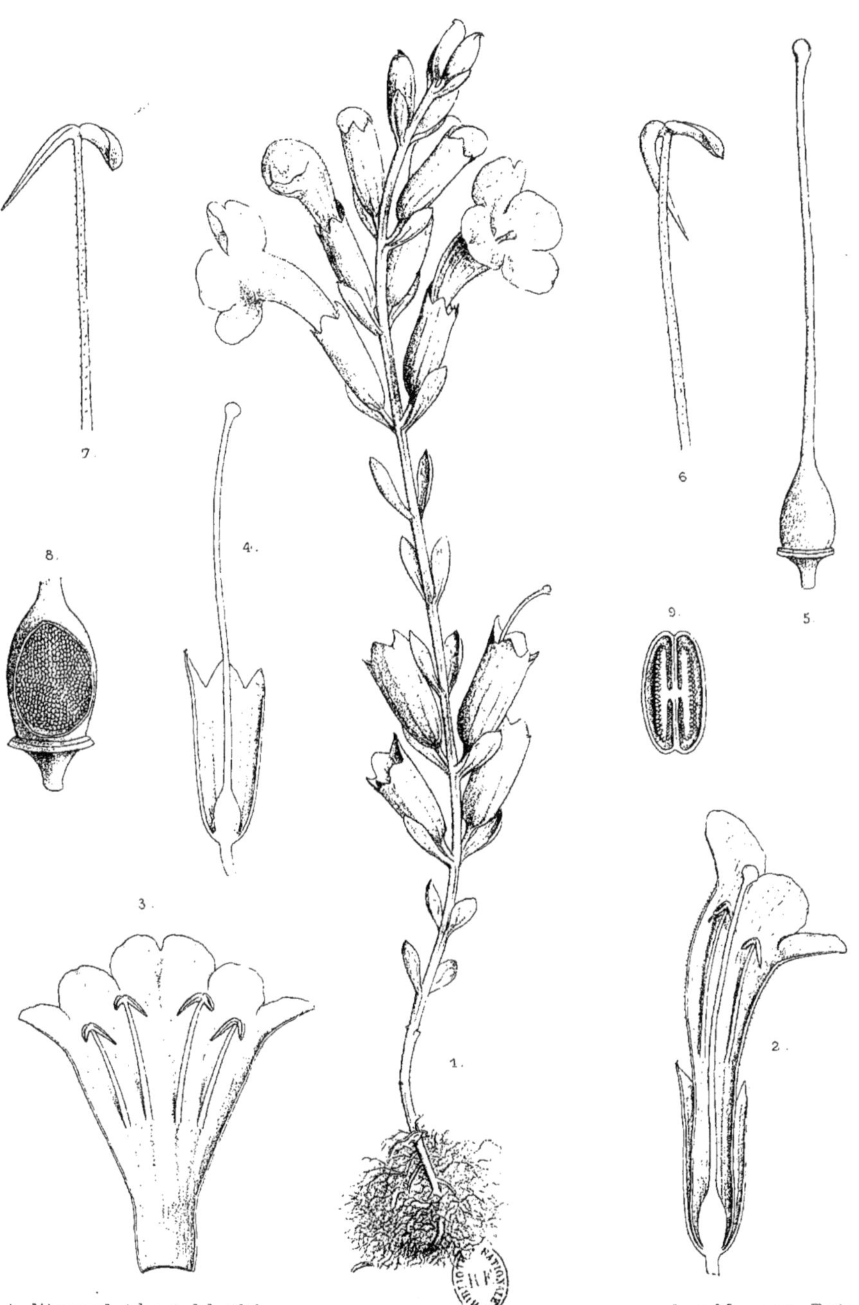

A. d'Apreval, ad nat. del. et lith.

Imp. Monrocq, Paris.

HARVEYA THONNERI De Wild. et Th. Dur.

PLANCHE VII

TABERNAEMONTANA THONNERI *Th. Dur.* et *De Wild.*

PLANCHE VII

EXPLICATION DES FIGURES.

Fig. 1. — Extrémité d'un rameau fleuri.   1/1

Fig. 2. — Corolle dans le bouton.   2/1

Fig. 3. — Corolle épanouie, fendue et étalée.   1/1

Fig. 4. — Étamines vues de dos et de face.   4/1

Fig. 5. — Calice jeune dont les lobes présentent à la base de nombreuses glandes, au milieu l'ovaire surmonté du style et du stigmate.   5/1

Fig. 6. — Lobe du calice adulte.   5/1

Fig. 7. — Ovaire, style et stigmate.   10/1

Fig. 8. — Coupe transversale de l'ovaire.   10/1

Fig. 9. — Graines sur le placenta vu de face.   10/1

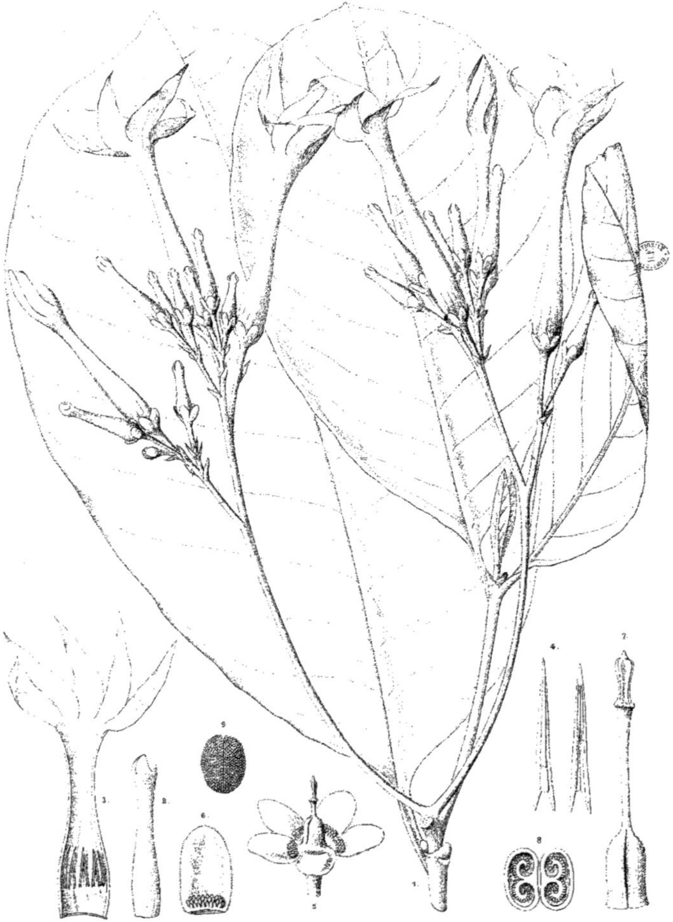

A. d'Apreval, ad. nat. del. et lith.

Imp. Monrocq.— Paris.

Tabernaemontana Thonneri Th. Dur. et De Wild.

PLANCHE VIII

THUNBERGIA THONNERI *De Wild.* et *Th. Dur.*

PLANCHE VIII

EXPLICATION DES FIGURES.

Fig. 1. —	Rameau fleuri et feuillu.	1/1
Fig. 2. —	Corolle dans le bouton, l'on a enlevé le calice et les bractées.	2/1
Fig. 3. —	Fleur en coupe longitudinale.	1/1
Fig. 4. —	Calice à lobes inégaux, au centre l'ovaire surmonté du stigmate dont l'extrémité a été enlevée.	2,5/1
Fig. 5. —	Disque, ovaire, style et stigmate profondément bilobé.	3/1
Fig. 6. —	Ovaire coupé longitudinalement, entouré à la base du disque.	6/1
Fig. 7. —	Stigmate en entonnoir, profondément lobé.	6/1
Fig. 8. —	Étamine.	5/1
Fig. 9. —	Fruit jeune.	1/1
Fig. 10. —	Graine.	1/1

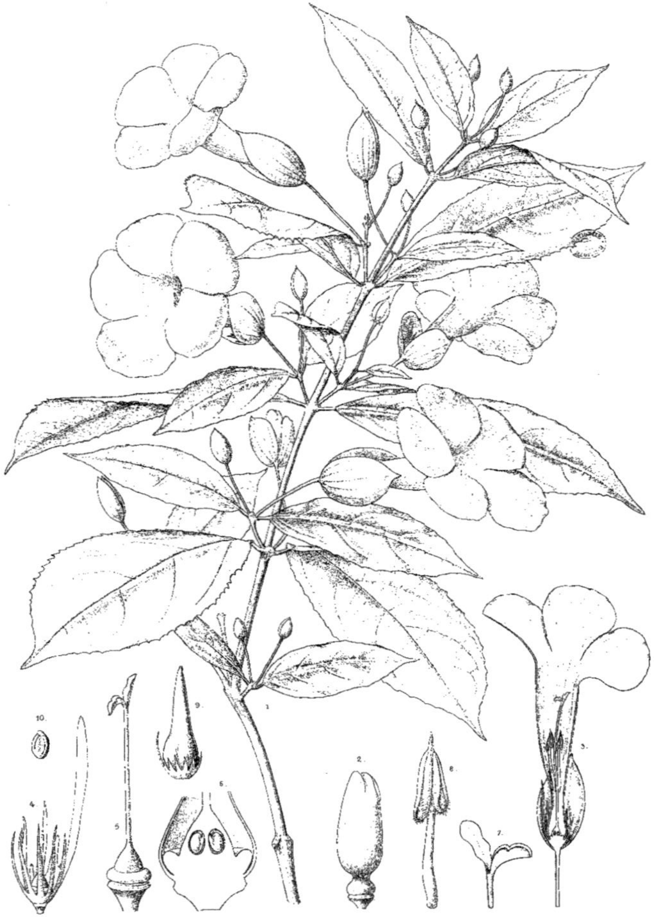

THUNBERGIA THONNERI DE WILD. et TH. DUR.

PLANCHE IX

URAGOGA THONNERI *De Wild.* et *Th. Dur.*

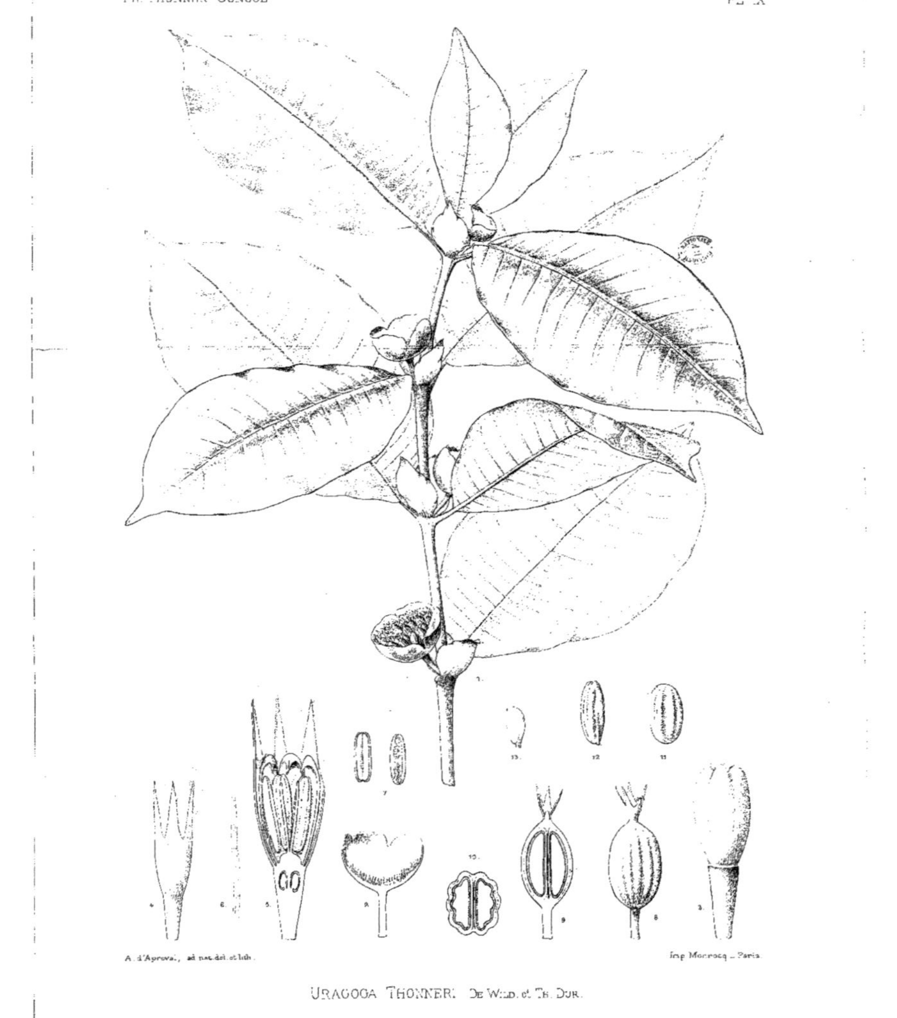

URAGOGA THONNERI. De Wild. et Th. Dur.

PLANCHE X

DICRANOLEPIS THONNERI *De Wild.* et *Th. Dur.*

A.d'Apreval, ad nat del.et lith.   Imp. Monrocq._ Paris.

DICRANOLEPIS THONNERI De Wild. et Th. Dur.

PLANCHE XI

IMPATIENS THONNERI *De Wild.* et *Th. Dur.*

PLANCHE XI

EXPLICATION DES FIGURES

Fig. 1. — Rameau fleuri.   1/1

Fig. 2. — Bouton, vu de profil.   2/1

Fig. 3. — Coupe longitudinale du bouton.   5/1

Fig. 4. — Pétale latéral.   2/1

Fig. 5. — Pétale supérieur.   2/1

Fig. 6. — Androcée séparé des autres organes.   6/1

Fig. 7. — Ovaire, une partie de la paroi est enlevée et laisse voir la structure du fruit.   3/1

Fig. 8. — Coupe transversale de l'ovaire.   7/1

Fig. 9. — Ovule isolé.   15/1

Fig. 10 et 11. — Cotylédons vus de profil et de face.   15/1

Fig. 12. — Graine entière vue de face, entourée de son testa chagriné.   15/1

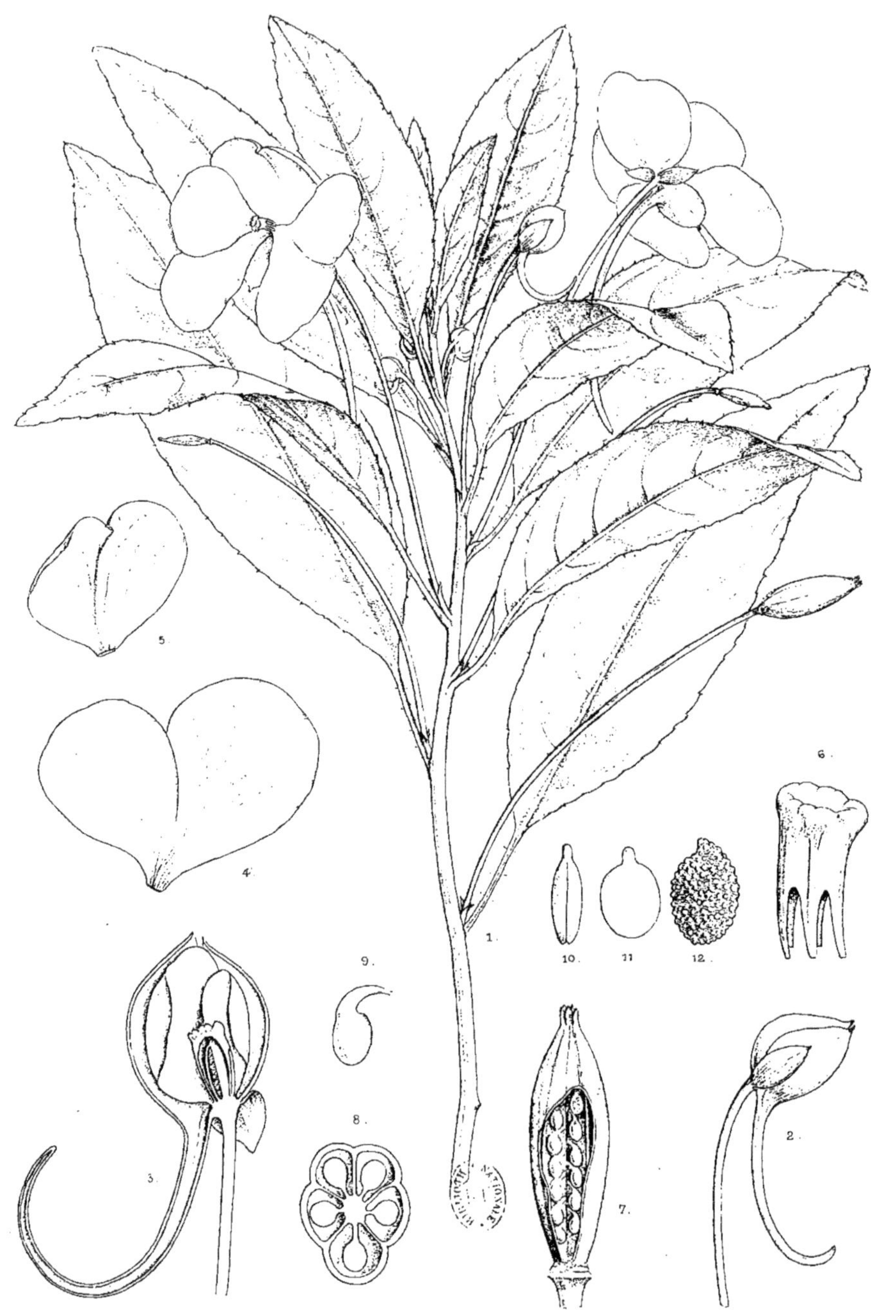

A. d'Apreval, ad nat del. et lith.   Imp. Monrocq._Paris.

IMPATIENS THONNERI De Wild. et Th. Dur.

PLANCHE XII

PYCNOCOMA THONNERI *Pax*

PLANCHE XII

EXPLICATION DES FIGURES

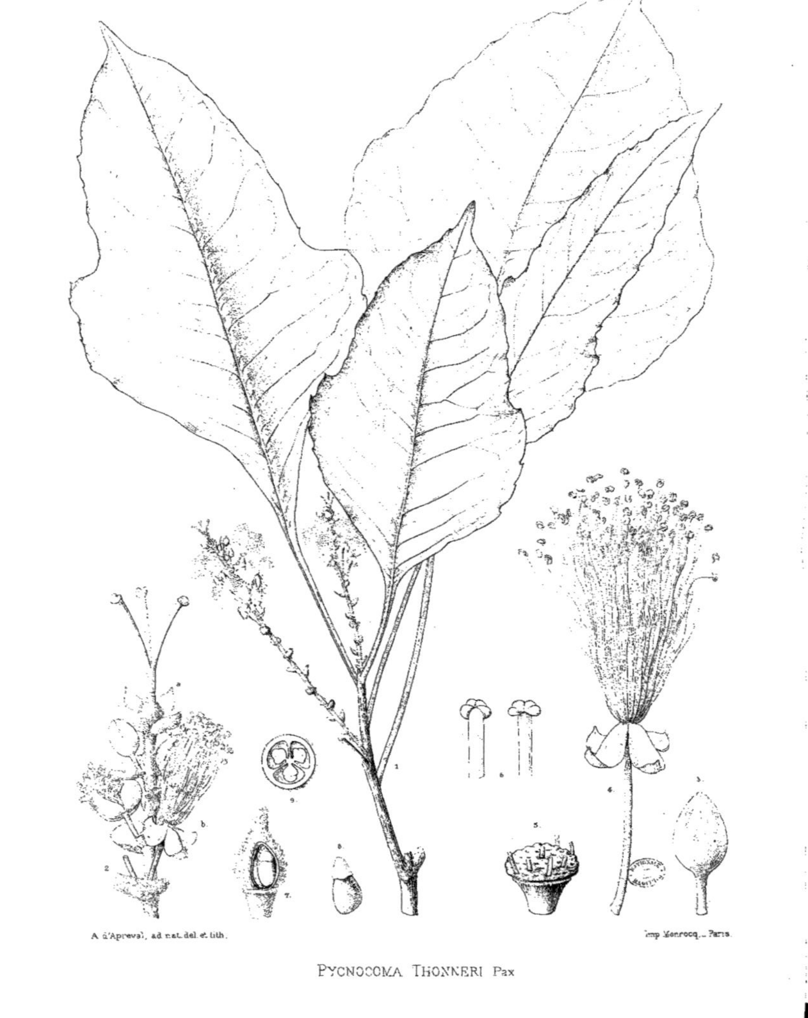
A d'Apreval, ad nat. del. et lith.
Imp Monrocq._Paris.
PYCNOCOMA THONNERI Pax

PLANCHE **XIII**

BERTIERA THONNERI *De Wild.* et *Th. Dur.*

PLANCHE XIII

EXPLICATION DES FIGURES.

PL. THONNER. CONGOL.
PL. XIII.
A. d'Apreval, ad. nat. del. et lith.
Imp. Monrocq. Paris
BERTIERA THONNERI DE WILD. et TH. DUR.

SESAMUM MOMBANZENSE *De Wild.* et *Th. Dur.*

A. d'Apreval, ad nat. del et lith.

Imp. Monrocq _ Paris.

SESAMUM MOMBANZENSE De Wild. et Th. Dur.

PLANCHE XV

SESAMUM THONNERI *De Wild.* et *Th. Dur.*

PLANCHE XV

EXPLICATION DES FIGURES.

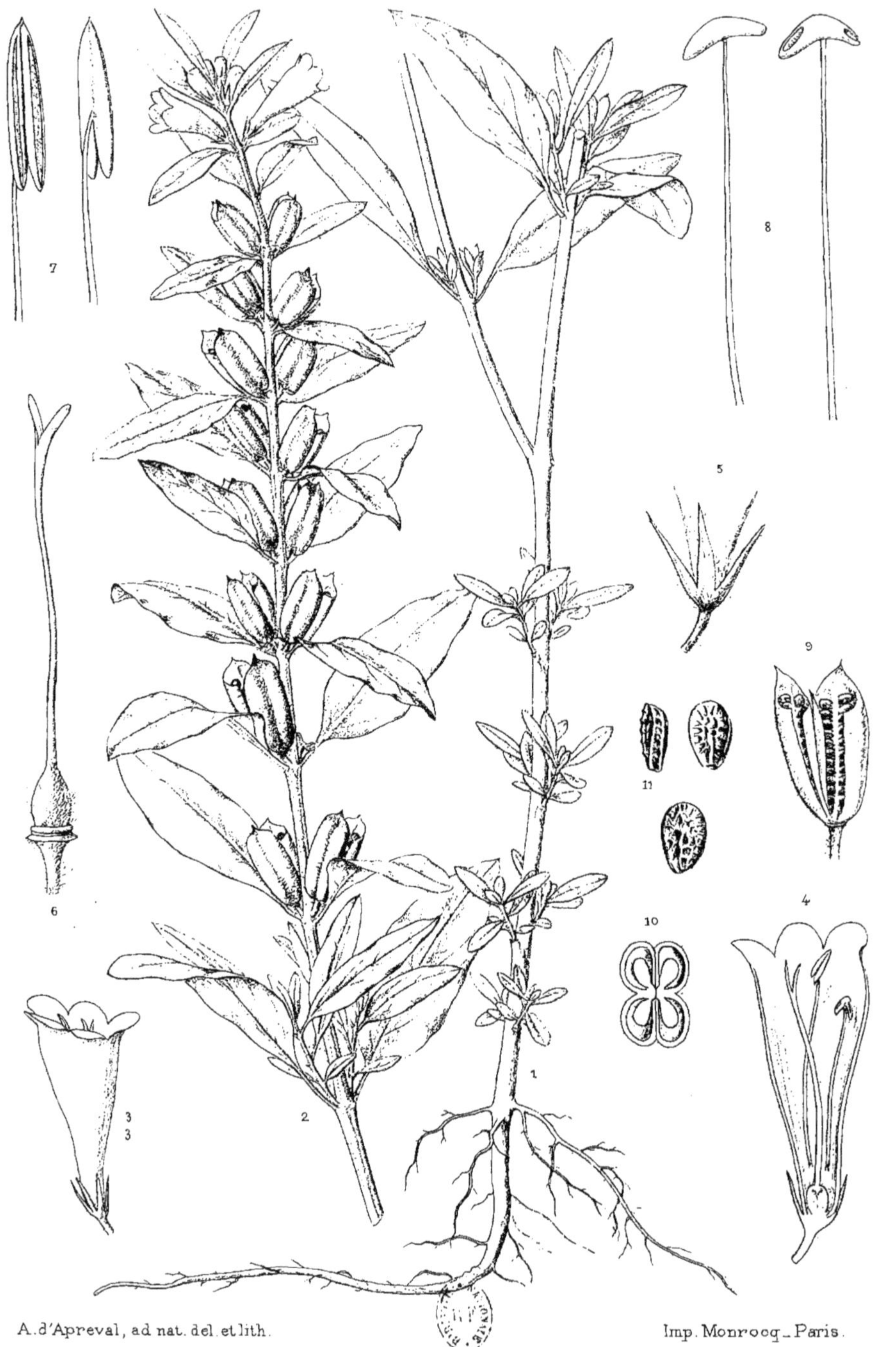

A. d'Apreval, ad nat. del. et lith.

Imp. Monrocq _ Paris.

SESAMUM THONNERI   DE WILD. ET TH. DUR.

GUYONIA INTERMEDIA *Cogn.*

PLANCHE XVI

EXPLICATION DES FIGURES.

Fig. 1.	— Plante munie de fleurs et de fruits.	1/1
Fig. 2.	— Bouton.	10/1
Fig. 3.	— Bractée de la base de la fleur.	5/1
Fig. 4.	— Fleur complète épanouie.	3/1
Fig. 5.	— Corolle à pétales imbriqués enlevée d'un bouton.	10/1
Fig. 6.	— Pétale de la fleur épanouie.	5/1
Fig. 7.	— Coupe longitudinale de la fleur avant l'anthèse, pour montrer la disposition des étamines; les pétales ont été enlevés.	10/1
Fig. 8.	— Étamines alternatipétale et oppositipétale vues de face et de profil.	12/1
Fig. 9.	— Fruit, une partie de la paroi est enlevée pour laisser voir la disposition des graines.	5/1
Fig. 10.	— Graine isolée.	20/1

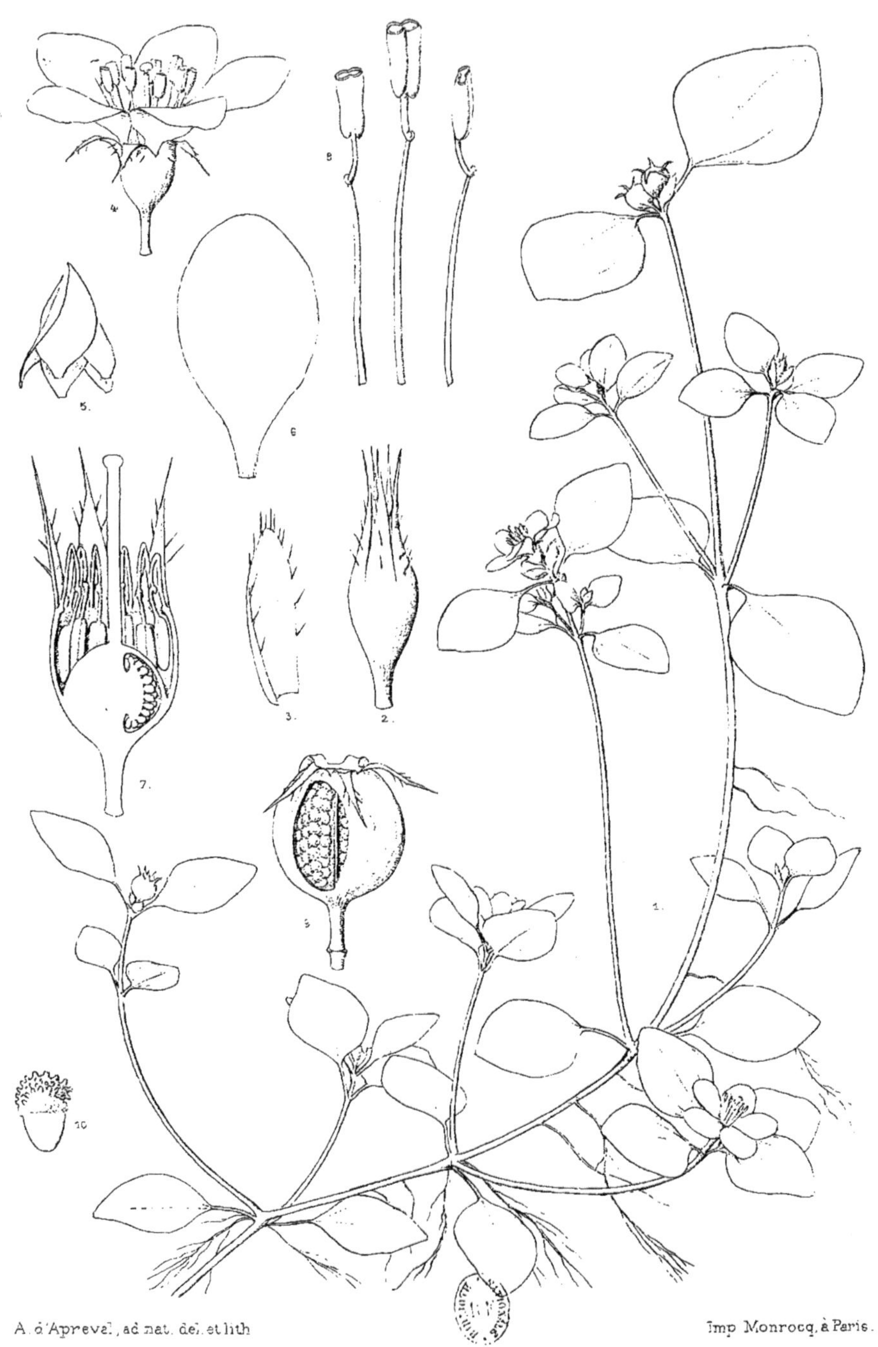

A. d'Apreval, ad nat. del. et lith   Imp. Monrocq, à Paris.

GUYONIA INTERMEDIA Cogn.

PLANCHE XVII

DINOPHORA THONNERI *De Wild.* et *Th. Dur.*

PLANCHE XVII

EXPLICATION DES FIGURES.

Fig. 1. — Rameau florifère.   1/1
Fig. 2. — Bouton.   6/1
Fig. 3. — Fleur complète épanouie.   4/1
Fig. 4. — Pétale isolé.   6/1
Fig. 5. — Coupe longitudinale du bouton.   8/1
Fig. 6. — Étamines alternatipétale et oppositipétale avant l'anthèse.   12/1
Fig. 7. — Diagramme floral.

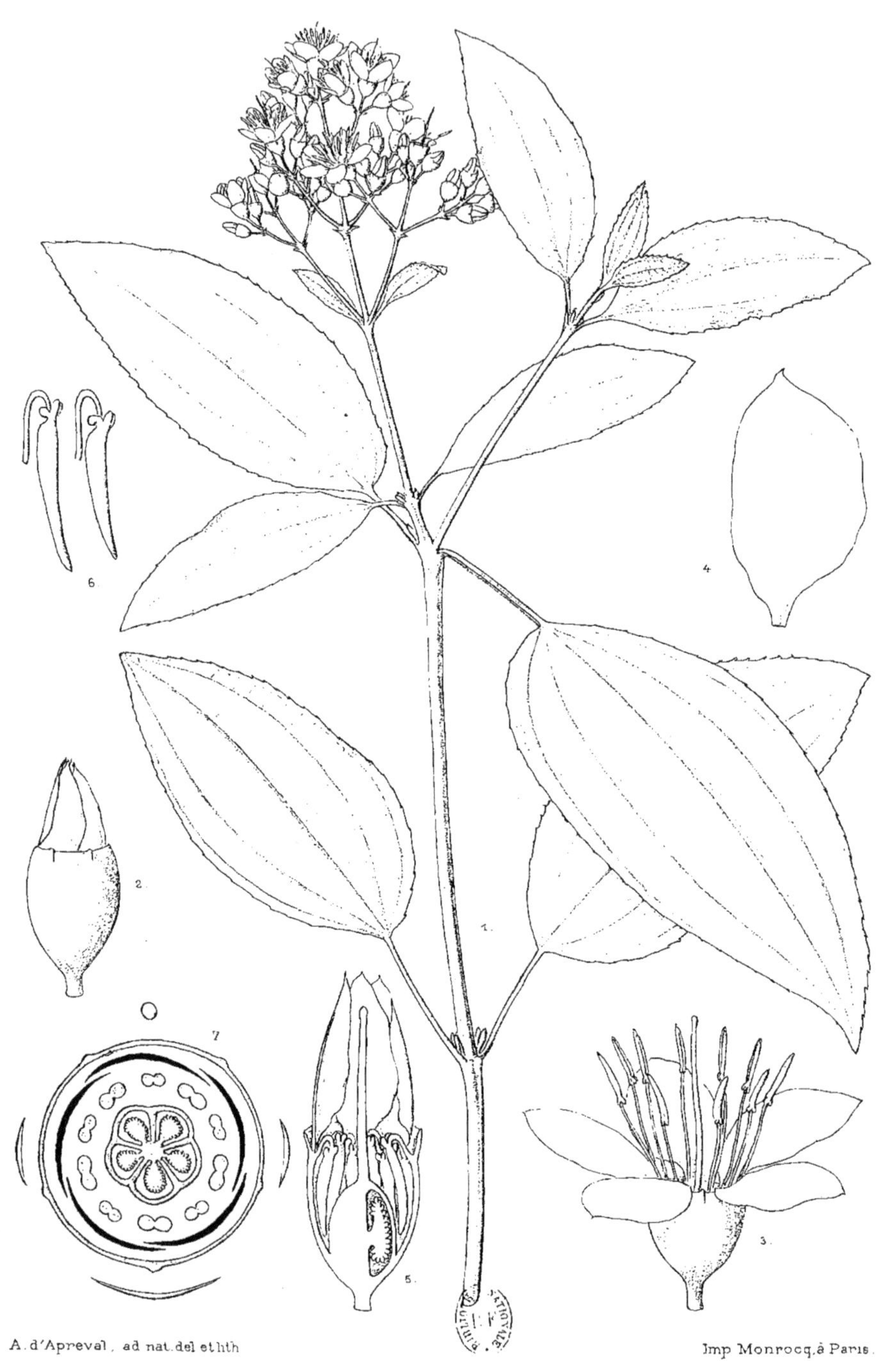

A. d'Apreval, ad nat. del et lith.   Imp Monrocq, à Paris.

DINOPHORA THONNERI COGN.

PLANCHE XVIII

URERA THONNERI *De Wild*. et *Th. Dur*.

PLANCHE XVIII

EXPLICATION DES FIGURES.

Fig. 1. — Fragment de rameau feuillu, à la base des rhizines. 1/1

Fig. 2. — Inflorescence. 1/1

Fig. 3. — Fragment de l'inflorescence avec poils urticants. 15/1

Fig. 4. — Sommet de la fleur femelle, le périgone étroitement appliqué sur l'ovaire laisse dépasser le stigmate fimbrié. 80/1

Fig. 5. — Coupe longitudinale de la fleur femelle. 25/1

Fig. 6. — Graine isolée. 15/1

URERA THONNERI DE WILD. ET TH. DUR.

PLANCHE XIX

SCAPHOPETALUM THONNERI *De Wild.* et *Th. Dur.*

PLANCHE XIX

SCAPHOPETALUM THONNERI De Wild. et Th. Dur.

PLANCHE XX

SALACIA CONGOLENSIS *De Wild.* et *Th. Dur.*

PLANCHE XX

EXPLICATION DES FIGURES.

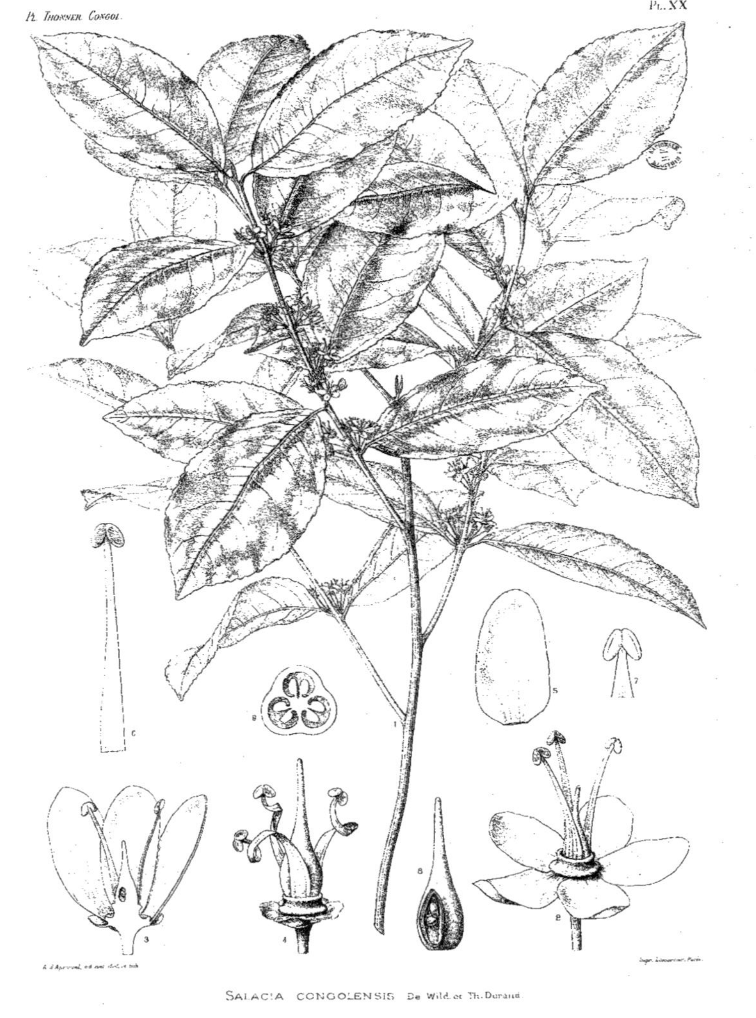

12. THONNER CONGO.
Pl. XX
SALACIA CONGOLENSIS De Wild. et Th. Durand.

PLANCHE XXI

DIOSCOREA THONNERI *De Wild.* et *Th. Dur.*

PLANCHE XXI

EXPLICATION DES FIGURES.

Fig. 1. — Fragment de rameau florifère. 1/1

Fig. 2. — Bouton. 15/1

Fig. 3. — Fragment d'inflorescence portant 3 fleurs vues : de face, de dos et de profil. 10/1

Fig. 4. — Coupe longitudinale de la fleur. 15/1

Fig. 5. — Étamine. 20/1

Fig. 6. — Ovaire avorté. 50/1

Fig. 7. — Fragment de tige entouré de 6 ailes membraneuses. 4/1

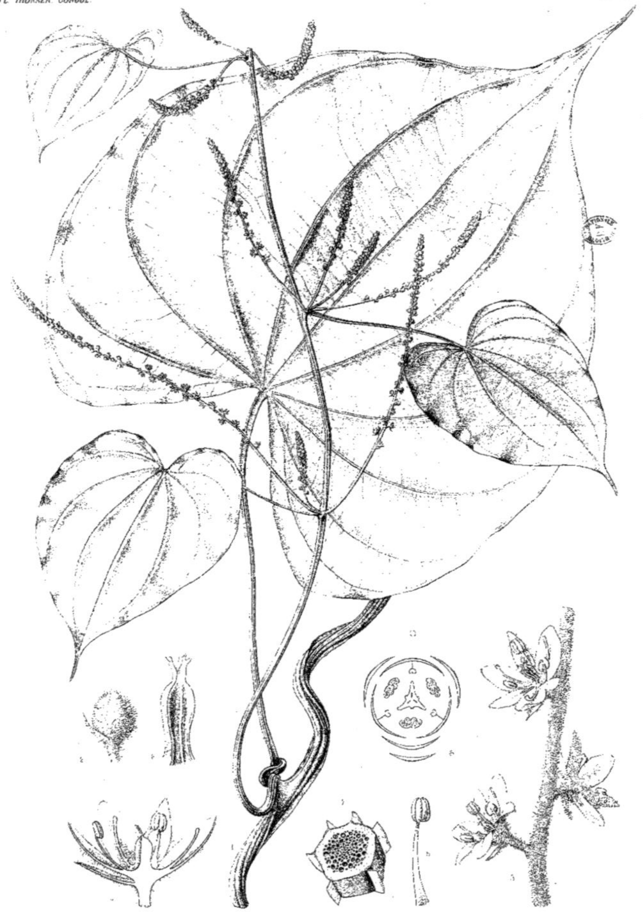

DIOSCOREA THONNERI De Wild. et Th. Durand.

PLANCHE XXII

SOLANUM SYMPHYOSTEMON *De Wild.* et *Th. Dur.*

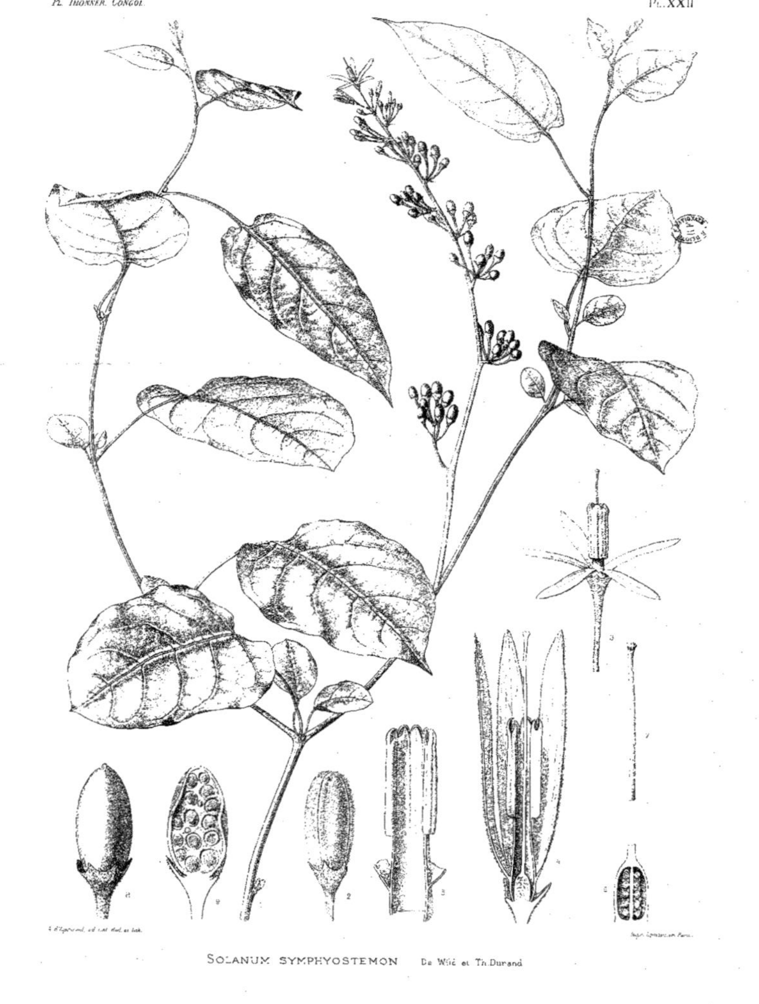

SOLANUM SYMPHYOSTEMON   De Wild. et Th. Durand

PLANCHE XXIII

LORANTHUS THONNERI *Engl.*

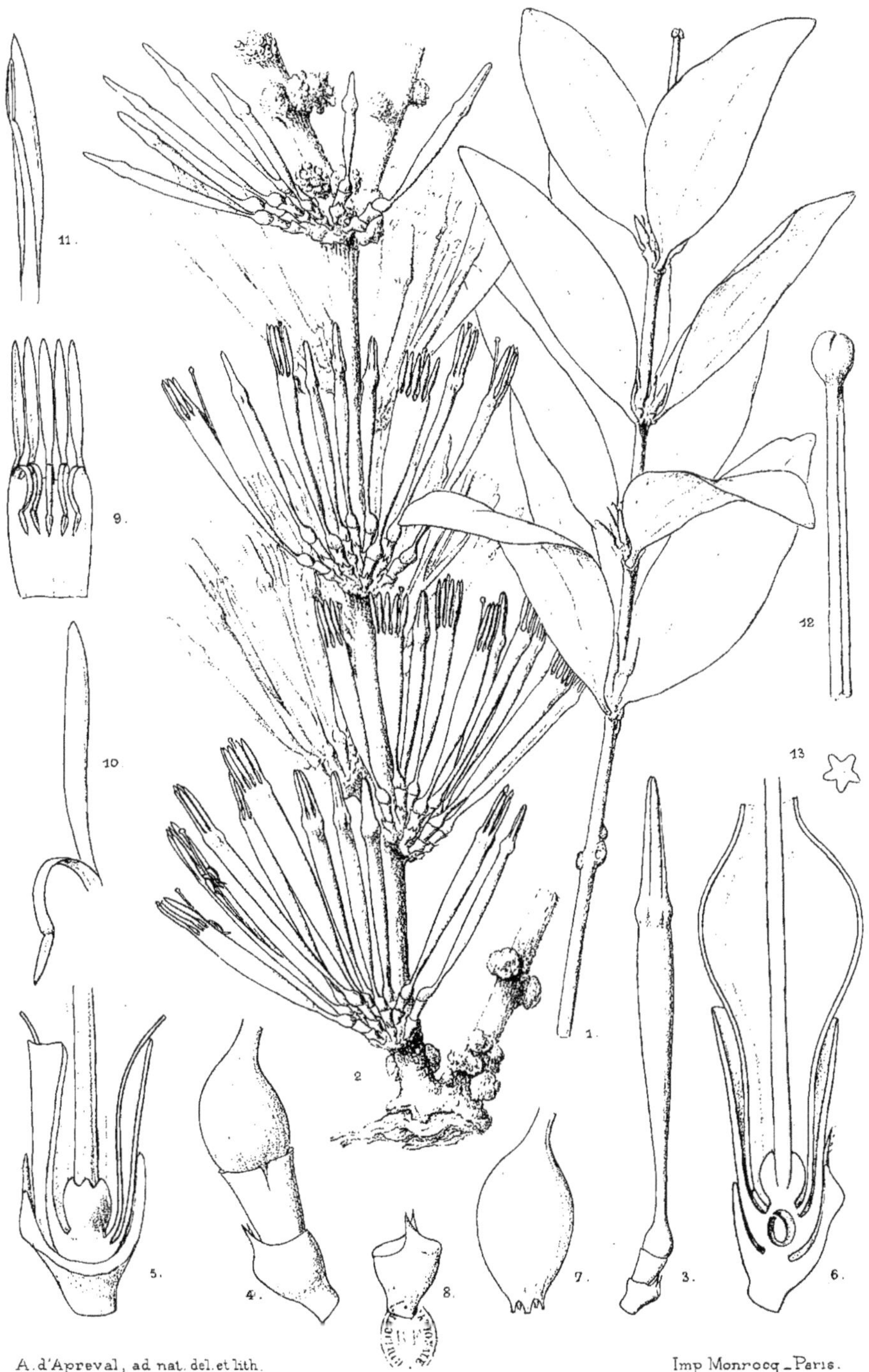

A. d'Apreval, ad. nat. del. et lith.   Imp Monrocq – Paris.

LORANTHUS THONNERI ENGL.

TABLE